白川 千人の石合戦

―大干ばつが招いた水争い―

白川　千人の石合戦―目次―

凡例

・市町村合併前の地名は可能な限り現在の自治体名を付けた。
・一部の住所表記は地域の呼称と合わせるため便宜上、区名および大字名を省略し地区名を採用した。
・人名、地名で読みが難しいと思われるものには振り仮名を付けた。
・1円は現代の物価などを考慮して３０００円に換算した。
・引用、参考にした資料等は可能な限り文中で明示したが、煩雑さを避けるため一部割愛、参考文献、引用資料、取材協力者とともに末尾に記載した。

はじめに

昭和9（1934）年夏、西日本一帯は3カ月に及ぶ大干ばつに襲われた。熊本では今世紀に入って稀に見る自然の猛威となった。

各地の農村では水不足が深刻化し、田植えができず水争いが頻発した。雨乞いも大々的に行われた。

熊本平野を貫く白川水系でも例に漏れず農民同士の争いが激化、ついには取水を巡って上流と下流の農民計1000人が決死の〝石合戦〟を繰り広げ、多くの負傷者を出した。

百姓一揆や宗教弾圧のように国民が公権力と死命を賭しての対峙は多々あるが、農民同士の大々的な争いは極めて珍しい。

世界は今、地球の温暖化を防ごうと各国首脳が先頭切って旗振りを始めた。温暖化がもたらすのは台風の大型化や海水面の上昇ばかりではない。干ばつもまた誘発すると気象庁は警告している。洪水の多発も怖いが、干ばつもまた悲惨だ。90年前の惨状が教訓として教えるものは多い。

第1章　激突—千人の石喧嘩

カラカラ続きだった干天に夕方から待望の驟雨《しゅうう》が訪れた。黒ずんだ雲を見れば夕立ではない、恵みの雨だということは長年の経験で分かっていた。田んぼはひび割れ、植えた早苗も枯れる寸前の悲惨な風景が広がっているから、まさに干天の慈雨である。

「やっと来たか」

誰もが雨空を見上げ、井手（用水路）が濡れるのを見守った。

「あと1時間半もすれば、流れが始まる」

農民たちは大げさでなく心躍らせて狂喜した。

時は昭和9（1934）年8月の31日夜、熊本平野の中心部を流れる白川の左岸、託麻台地の厳しい夏が終わるかに見えた時刻である。この時降った雨は12・8ミリ。上流の阿蘇地方ではもっと降ったらしい。阿蘇で雨が降れば、1時間半で流水が届く距離だ。

託麻台地は上益城郡白水村《かみましきぐんはくすい》と飽託郡供合村《ほうたくぐんともあい》付近から始まる。今でいうなら菊池郡菊陽町の曲手《まがて》、辛川《からかわ》、井口から熊本市の鹿帰瀬《かきぜ》、弓削《ゆげ》、石原、上南部《かみなべ》地区。この付近は河岸段丘の上にあり、古くから水不足に悩まされてきた。この解消と新田開発のため、一帯の中間地点から４キロ離れた白川上流の白水村馬場楠《ばばぐす》に灌漑《かんがい》用の井堰《いぜき》を設けた。

　この井堰が本書のもう一つの主役である。

　馬場楠堰は慶長13（１６０８）年、加藤清正の肥後統治時代（天正16年～慶長16年）に設けられた歴史ある取水口である。馬場楠とは加藤藩政時代に馬の調練場があり、近くの神社の御神木に楠の大木があったからその名が付けられた。灌漑路は過去に漏水があり、途中の井手は造り変えられたこともあったが、今でも５月になると灌水が滔々と流れる現役の用水路だ。竹やぶに沿った用水路の曲手付近には、阿蘇からのヨナ（火山灰）が滞留しないように工夫された「鼻繰《はなぐ》り井手」が造られ、熊本県有数の農業土木遺産になっている。

　この鼻繰り井手は水路開削の途中に岩山（中州山）があったため、約５００メートルにわたってトンネルを掘る必要があった。だが、そのままではトンネル内にヨナがたまるため、２、３メートル置きに流水を遮る壁を残し、水を通す直径１メートルの穴を壁の底に開けた。すると、壁穴を抜けた水が内部で渦を巻き、これによってヨナも一緒に撹拌《かくはん》されて下流に流れていくという原理である。「鼻繰り」とは、牛の鼻に輪を通す時、鼻の間を開けることに着目して名付けられた。巧みな工法と言うべきか。

今は近くに芝生公園や資料館が整備され、多くの見物者が訪れる。見下ろす形の用水路は構造が分かりやすく、近隣の小中学生にとっては古里の歴史を学ぶ大事な勉強の場だ。

用水路は延長12キロあり、一帯の農地１６０ヘクタールを網の目のように灌水した後、下へ下へと流れ落ちる。県道瀬田熊本線に沿って東海大学熊本キャンパスの正門前を通り、通称刑務所通りの「鬼ノ釜橋」たもとで保田窪放水路と合流、渡鹿《とろく》堰のすぐ上で白川に流れ込む構造になっている。灌漑用水は農業用の他、かつては飲料水、生活用水にも使われた。ただ、住宅地化が著しい最近は下南部付近から用水路も暗渠《あんきょ》になり、農業用水路の役目からも離れている。

本論の31日夜。

農民たちは一睡もせず、徹夜状態で用水路を見守った。だが、何時間待っても水が流れる気配はない。

「おかしい」

農民たちはここでピンと来た。

「また、やつらがやったか」

「やつら」とは、馬場楠堰から４００メートル上流の右岸を取水口とする津久礼《つくれ》堰の受益者たちのことである。

この津久礼堰が本書の主役である。

馬場楠堰と津久礼堰は、白川を挟んで水の流れを左右の台地に分ける供用者だ。この渇水時期に上流で水を呑《の》まれてしまったら下流の恩恵は消える。「水を呑む」の水とは田畑に冠水する農業用水のことを指し、呑むとは文字通り灌水路に飲みこむ、または土中に吸い込まれることをいう。農家独特の表現だ。

「やつら」と言われた津久礼堰の受益農民にすれば取水口は馬場楠堰の上流にあり、白川の使用権は自分たちが優先すると考えたし、過去の分水協定に違反するものではないと思っていたから、非難される筋合いではなかったのである。ましてや、これまで馬場楠側とは長年にわたって因縁の対立を続けてきた間柄でもある。

だが、この年は大干ばつを受けて、これまで度々問題になり、県から再三、井堰の運用について是正指導を受けていたのも事実だ。

津久礼堰は今の菊池郡大津町と菊陽町の境界付近にあり、住所としては大津町上町である。下流を望み、少し遠景方向に熊本空港線の白川をまたぐ高架橋が見える地点と言った方が分かりやすいだろう。用水路の受益農民はここより4キロ下流から始まる菊池郡津田村（現菊池郡菊陽町）の津久礼、下津久礼地区の田畑耕作者が中心だ。

津久礼堰と馬場楠堰の受益農民は白川を間にしてちょうど相対している。お互いに親類縁者や近しい友人もたくさんいる地域だ。

「津久礼」という呼び名は神話が絡み、阿蘇の大明神・健磐龍命《たけいわたつのみこと》が放り投げた「土くれ」がここまで飛んできたので、その故事にちなんで付けられたとのいわれや、健磐龍命が立野で外輪山を蹴破った時、クツに着いた「土くれ」がここまで飛んできたためにその名が付いたとの説もある。

延宝6（1678）年の大水害では大きな被害を受け、肥後藩主・細川綱利の命令で村ごと白川から離れた場所に移転したこともある。

津田村農民のための堰が設けられたのは天和3（1683）年、綱利の統治時代で、馬場楠堰から75年遅れて建設された。当初は今の堰から少し下流に設けられたが、安永4（1775）年、現在地に移設された。用水路の総延長は6・3キロ。灌漑面積は

津久礼堰。右の山が日暮山、左が取水口

馬場楠堰（菊陽町指定文化財）

約130ヘクタール。最後は菊陽町下津久礼の白川に架かる「みらい大橋」付近で白川に流れ込んでいる。この津久礼堰は以前から取水のやり方や堰の形状を巡って白川下流の農民から「水を取り過ぎだ」「堰が高すぎる」との指摘が続き、熊本県からも現状回復の指導を受けるなど、よくよくもめごとのタネになっていた。

だから馬場楠堰側にはピンときたのである。

「せっかくの雨なのに」

「もう見過ごすわけにはいかん」

いわば堪忍袋の緒が切れた。

未明。

馬場楠堰側の受益地、白水、供合両村に半鐘がカーンカーンと鳴り響き、非常召集がかけられた。1日午前3時、集まったのは近隣の農民約250人、うち精鋭の40人が選ばれ、目指すは4キロ離れた津久礼堰の対岸。小雨の中、白川左岸に沿って通る供合往還（県道・瀬田熊本線）を東へ向けて小一時間、小走りに駆けた。思いは一つ。

「水の確保」である。

着いたのは払暁《ふつぎょう》。5メートル下の乾いた河原に見覚えのある堰が白川を横切っていた。川幅約1町（110メートル）、対岸に見える津久礼堰の取水口は、二対の木柱に横板を並べて積み上げる木製の樋門で、今のようにコンクリート鉄製の頑丈な造りではなかった。ここを基点に斜め上約30度に向いた方向に約50間（約90メートル）、石積みの堰が造られ、水量が多いとこの堰を溢れ、下流へ流れる仕組みになっている。堰の途中には一部コンクリートが敷き詰められ、あるいは石を入れた竹製の蛇籠《じゃかご》や丸籠も置かれており、大水で壊れることもあった。その堰のつけ根の上側に沿って浅い切れ込みが樋門に向いている。この時、水流が少ない頃であり、流れる力もどこか弱々しかった。

紛争のもとになる土砂吐き

問題は堰の突端に近い部分が約5間（約10メートル）ほど開けてあることだ。ここの広さと深さが常に紛争のもとになった。一般的にはこの空間を「筏流し」「筏落とし」「舟通し」と呼び、例えば荷物を積んだ筏や舟が通れるように、または下流に一定の水を

大津町、町
日吉次男氏

流すために長年の紳士協定で工夫された隙間だ。この堰のことをよく知る地元の農業日吉次男さん（昭和7年生まれ）は「土砂吐き」とも呼んだ。

　これこそ加藤清正の得意技で、堰の上流にたまるヨナ（火山灰）や土砂を下流に落とし込む作用を求めてこのような名前が付けられた。流水が多い時はこの筏流し部分で井堰の取水口方面と下流に具合良く分かれるが、上からの流量が減ると津久礼堰側が度々、間口を狭くし、底を上積みした。その結果、下流への流量が減ったのである。

　この堰の特徴について、水理学が専門の大本照憲・熊本大学教授が平成31（2019）年度に報告書（国土交通省、河川砂防技術研究開発）を出している。白川に架かる斜め堰の機能を研究対象にしたもので、筏流しを中央部にあると想定して実験を行った。それによると堰を斜めにすることで上部にたまる土砂の浚渫《しゅんせつ》効果があり、そのため維持管理の軽減、治水上の安全性、環境への負荷が少ないなど利点を示している。津久礼堰から下流にある「渡鹿《とろく》堰」もこの斜め堰に土砂吐きと呼ばれる構造を持っている。だから、津久礼堰も構造上はよく考えられた形だったのである。

再び津久礼堰の現場。

一行が着いてみると実際に下への流れはなかった。津久礼側が完全に水を止めている。

筏流し口に到着した馬場楠側の農民たち40人は「行くぞ！」とばかり一斉に筏流しに飛び込んだ。川底の石を拾い上げ、ガツッ、ガツッと鍬を振りかざして水の流れを下流に変え始めた。その結果、今度は津久礼側に一滴の水も流れなくなった。そして、作業が終わると現場を引き上げ、左岸の雑木林に潜んで様子を見守った。

この状況は対岸にも伝わる。馬場楠側の慌ただしい空気を察知した津久礼側は、こちらも村中に非常召集の半鐘を鳴り響かせた。

「津久礼堰を守れ！」

集まったのはこれまた農家の働き者ばかり。4キロ東の津久礼堰に向かって陣内《じんない》往還を必死に駆け上った。時刻は9月1日の夜明け前。再び水路確保の作業を始めたところで双方がぶつかった。熊本弁で言うなら、

「なんばしよっとかぁ《なにをするんだ》！」「わかっとろうが《わかっているだろう》！」

現場ではたちまち怒号が飛び交い、掴みかかっての小競り合いが始まった。どちら

も生活がかかったまさに〝水喧嘩〟である。

この騒動は直ちに4キロ離れた大津警察署に知らされた。実は警察ではこの1カ月、干天続きによる農村の不穏な空気に不眠不休の警戒を強めていた。35キロ下流の有明海沿岸、白川河口の農村地帯や菊池川沿線ではこの夏、水争いから流血騒ぎが起きていることも情報にあった。署員の誰もが一触即発寸前の警戒で疲れているところへ待望の雨が来たので「これで農家も一息つける。我々も休める」とホッとしていたところへ非常召集である。

騒乱の現場を収め、仲裁するのは警察の務めである。これは当時の警察組織と関係がある。警察は県組織の一部で「熊本県警察部」は県知事の指揮系統にあった。水騒動は主に警察部の高等課が担当、高等課は大衆運動や組織的活動も警戒の対象にした。だから、水騒動は農民運動ほどではないにしても治安維持の対象にされた。このあと度々、水騒動で警察が登場する理由もこれらの点にある。

津久礼堰には、大津署の秋永義雄署長以下、木山警察署（後に管轄を分離して熊本北警察署と御船署に統合）からの応援組も加わって慌ただしく現場に駆け付けた。ところが、現場に到着して仲裁に入ろうとしたが、双方とも殺気立っており、とても聞く耳を持たない。そこで、近隣の警察に応援を頼んだ。下流の熊本北署と南側の木山署、御船署からさらに応援を出すことになり、準備が始まった。熊本県の河川担当者も来ることになった。

白川の水の流れはこの間、左右に揺れ動いた。小競り合いは続く。この頃には前夜来の雨は上がった。９月に入ったばかりであり、残暑の時期にはまだ早い。河原は暑さも加わって殺気と熱気でムンムンしている。

この騒動の成り行きに驚いたのが、堰がある地域の地元陣内村長・江藤繁雄氏（明治14年生まれ）である。江藤氏は肥後大津地区も含む豪農江藤家の第九代当主。陣内、大津地区ばかりか熊本県内でも名の通った有力者で、

県立大津高校玄関近くに立つ江藤繁雄氏の頌徳碑

熊本県農会の副会長を務める実力者だ。農会とは明治32（１８９９）年設立の農業団体で、戦後は形を変えて農業協同組合組織になる。旧制大津中学校（現県立大津高校）の創設にも尽力した人で、今も大津高校の玄関横に胸像付きの頌徳碑が立っている。

この日は熊本市であった熊本県郡市農会の干ばつ対策会議に出席して帰宅したばかりだった。農会もこの３カ月の干ばつを非常事態と捉え、連日のように対策会議が開かれていた。

飛び交う石のつぶて

江藤村長の自宅は津久礼堰の北側約２００メートルの所にあり、現場はすぐ目の前である。騒動は否が応でも見える。何やらただならぬ雰囲気である。白川の恵みは誰よりも知っていると自負し、下流農民同士の争いとは言え、放ってはおけず、午後４時頃、「話をつけてくる」と乗り出した。

津久礼堰から２００メートル上流に「日暮《ひぐれ》橋」が架かっている。昭和８（１９３３）年に架けられたコンクリート製の新しい橋で、この橋は江藤家からまっすぐ白川に降りた位置にある。なぜこんな名前が付いたかというと、日暮橋の左岸すぐそばから急にそそり立つ雑木林の小山があり、麓は昼なお薄暗くて夕暮れのような雰囲気を漂わせているから「日暮山」と呼ばれ、関連して日暮橋と言われた。今でも冬場の寒い朝にこの麓を車で通ると路面が凍結していて用心が必要だ。

この付近の白川は蛇行してゆっくりとした流れになっており、かつては津久礼堰に簡単な板を渡し、両岸の人々が行き来していた。それが洪水で流れて渡れない時は渡し舟が置かれ「日暮れの渡り」とも言われていた。陣内八景としてものどかな地域だった。

江藤村長はこの日暮橋を渡って対岸の馬場楠堰側に行こうとした。「江藤さんが来らしたなら仲裁は済む」と津久礼側の農民は安堵した。

と、その時。

突然、雑木林に陣取っていた馬場楠側方面から「散れぇー！」との大声が聞こえた。この「散れぇー」の発声について、石合戦を記録した熊本近代史研究会の吉田竹秀氏（元大津高校教師、故人）は馬場楠堰側の若杉熊喜・供合村長（第九代）だったと

供合村村長
若杉熊喜氏

している。若杉村長の自宅は今の熊本市東区弓削町で県民総合運動公園の北側付近にあり、自宅から津久礼堰までなら6キロ近くある。日頃から馬に乗っており、津久礼堰まで馬で駆け付け、村民は後から走った。

統率力もいかんなく発揮した。

若杉村長は現場の小競り合いが続くのを見て、らちが明かぬと判断、村へ応援の伝令を出した。地元から応援が駆け付けて総勢250人、投げ石を集めさせ、ここで決断の号令を出した。

「散れぇー！」

若杉村長の孫・敬弘《たかひろ》さん（昭和26年生まれ）は、「津久礼の水争いのことは父（教義氏、平成12年死去）からよく聞かされていた。祖父は何度も津久礼側に分水を求めたが、相手はガンとして譲らなかった。〝水の独占はけしからん〟としてついに立ち上がったという。その指揮は祖父がとり、皆で津久礼堰まで駆け上がったようだ。祖父は喧嘩が強く、相撲を取っても負けたことのない人だった」と振り返った。また、同じ孫の若杉隆夫さん（昭和16年生まれ）は「祖父は強情っぱりで、鼻息の荒い人だったと聞いている」と言った。

吉田氏は馬場楠側が潜んだ雑木林を「礫山《つぶて》」と呼んでいる。礫山とは日暮山の西側にある続きの小山で、今の「妙見神社」がある所らしい。現在、礫山と呼ぶ地名は消え、日暮山と一括して指す。発声も今となっては誰かを確かめようもないが、敬弘さんの話からすると若杉村長でも不思議はない。そうとするなら馬場楠側は村挙げての喧嘩であり、相当に本気だった。いずれにしても「始めぇー！」の合図だったのであろう、堰のすぐ下の河原を舞台に、一斉に津久礼堰側へ小石が飛び始めた。うなりを上げて雨あられのように飛ぶ。

馬場楠側の先制攻撃、石合戦の始まりである。

「危ない！」「なんちゅうこつかい《なんてことだ》」

河原で水路を造り直していた津久礼堰側は驚いて逃げまどい、詰めかけていた一団が崩れた。やがて「負けてなるものか」と応戦の態勢が整った。

怒号とともに握りこぶしほどの小石がビュンビュンと飛び交う。ガツッと顔に当たって血を流す人、頭を抱えて倒れこむ人、河原の石に跳ね返ってドスッと身体に当たる。警察官も危なくて近づけない。想像しただけでも恐ろしい光景だ。戦国時代には武士の戦いで生死をかけた石合戦はあったが、まさに近代になってその様相が現れたのである。

　この危険極まりない騒動について前出の日吉次男さんは父・新蔵さん（昭和35年死去）から子どもの頃に何度も〝石喧嘩〟として聞いていた。石合戦とは言わない、「石喧嘩」である。父新蔵さんは農業の傍ら、近隣の道路が雨でぬかるんだり轍《わだち》が深くなると馬車に砂利を積んで敷き詰める〝道普請〟の仕事を請け負っていたので、双方の農民の顔ぶれはよく知っていた。

　馬場楠側は〝喧嘩上手〟だった。手ぬぐいを二つ折りにし、真ん中に小石を包み込んでブンブンと振り回し、タイミングよく片方の端っこを離すと小石はヒューンと遠くまで飛び、勢いもあった。１００メートルも飛んだだろうか。素手で投げるなら、飛んでも4、50メートル、その倍近くも飛んだ。対岸の住民に頼んで、ひそかに小石を運ばせたりもした。しかも、地形的に言えば左岸の馬場楠

石合戦で投げられたであろう石の大きさ（直径5cm、重さ100ｇの石）

側は投げ下ろす形になり、目標も定めやすかったという。

修羅場になった。

津久礼側は筏流しに近づけない。一進一退が続き、次第に津久礼側の形勢が不利になった。このため津久礼側は急遽、地元に伝令を飛ばし、応援を求めた。地元ではちょうどこの日、「風祭り」。村全体は休日になるはずだった。老人や子どもまでも駆り集められ、後方で石運びが始まった。竹やりや鎌はもとより、猟銃、日本刀まで持ち込まれた。この時点で、馬場楠側にも応援が入って４００人、津久礼側は６００人。計１０００人の農民が１００㍍の河原を挟んで阿鼻叫喚《あびきょうかん》の場になった。

戦場である。

有利な情勢を見て、馬場楠側では決死隊を作り、小石の飛び交う中で、約40人が筏流しに飛び込んだ。再び川底の掘り下げが始まり、水流が一気に傾いた。これを中止させようと警察官も筏流しに飛び込み、津久礼側も数人が加わって三者がずぶ濡れになっての乱闘が続いた。

結局、津久礼側には一滴の水も流れなくなった。

この時の模様を九州日日新聞（以下、「九日新聞」）が写真に収め、２日付の紙面で掲載している。丸1日以上の騒乱だったので記者が騒ぎを聞きつけて熊本市から駆け付けても間に合ったのだろう。印面ははっきりしないが、貴重な現場写真だ。津久礼堰側から写したようで、背後に日暮山らしき山容が見える。最近は滔々と流れて水鳥も浮かぶ白川の水量が、この時は川底の石が見えるほどだからよほど少なかったことがうかがえる。白い帽子姿が

待望の一雨來って
農民千名石合戰
白川上流津久礼堰を挾んで
遂に三十餘名重輕傷

昭和9年9月2日付九州日日新聞　津久礼堰下の河原での石合戦の現場。津久礼側から撮影か。白い帽子姿は大津警察員か。後方の山影は日暮山

見えるのは大津署員か。

この騒動は当然ながら近隣住民の耳目を集めた。自分たちの村に設けられた取水堰だが、騒動しているのは下流の農民たちである。だから、この騒動を「高みの見物」とは言わないが、野次馬気分は相当である。勝敗の行方を興味深く見守ったのは事実で、日暮橋を中心に今まで見たこともない黒山のような人だかりができた。

「村祭りでもあんなに人が集まることはない。びっくりした」との証言が残っている。「１０００人以上だった」との話もある。

「印地打」の再現

そのうち、騒動を見ていた古老がつぶやいた。

「これは昔に聞いた〝いんじうち〟じゃのう」

えっ、「いんじうち」とはいったい何だ。

その答えが、１００年前に書かれた歴史と伝承『陣内志談　西部編』にある。この著書は大正６（１９１７）年に地元の郷土史家・児島貞熊氏が執筆したものを平成31

年に大津町史研究会が翻訳・編集したもので、漢字で書けば「印地打」となる。先ほども少し触れたが、印地打は戦国時代には石合戦としてみられ、一方で全国的には村の風習としても残っていた。

津久礼堰の上流部、大林と錦野間では大正時代まで農作業の暇な時に石合戦をしていた。吹田《ふけだ》地区と御的《おまた》地区との間では昭和初期まで3月3日に〝バンビュウ〟と呼ばれた石合戦が行われていた。

言い伝えも残っている。

「上町（現・町＝白川右岸）には玉岡城主の従弟で腰切礫《こしきりつぶて》の名人と言われるほどの大田黒左馬頭（亮）がいて、この左馬頭の投げる石に中島勢（現・中島＝左岸）が悩まされたという」（『大津町史』より）

大津町瀬田の合志幸徳さん（昭和24年生まれ）は小学校に上がる頃、対岸の外牧の子どもたちとこの石合戦を行った経験がある。「風習の名残りだった」と言う。愛知県の熱田神宮では5月の節句に行われたとの記録がある。徳川幕府時代になって「祭礼」「風習」としては危険性が高すぎるとの理由で禁止になったようだ。

本論から少し離れるが、今回の石合戦と古来の印地打では性格が異なるものの、喧嘩の形態は似ているので『陣内志談』の一部を紹介しよう。

「天和のころ（1681年〜1684年＝江戸時代、将軍・徳川綱吉）、毎年春になると、中島村と上町の人々が白川の両岸に集まり、流れを挟んで石合戦をしていた。この勝負に勝った村はその年は豊作で、負けた方の村は凶作に見舞われ災害が多いと伝えられている。それで、お互いに必死になって石合戦をしたという。石合戦の当日は早朝より川辺に陣取り、壮年の男子は石を投げ、相手方を苦しませるのがその日の役割であった。老若男女皆石をたくさん集めて投げ石を助けた。両岸から次々と投げつけられる石が、すさまじい勢いで飛び交い、その様子はあたかも蝗《いなご》が群れて飛んでいるようでもあり、霰《あられ》が飛び散るようでもあったという。両村ともに多くのけが人が出て、ひどい時には死人が出ることもあった。石合戦も昼にはお互いに休憩をして昼食を取り、しばらく休んだ後再び始め、日暮れになってやっと終わり、それぞれ家に帰った。この時、近隣の村からは双方の応援に大勢がやって来た」

危険な祭事があったものである。結局、この祭事は危険が過ぎたのであろう、ほどなく消えた。

古来の印地打の現場は日暮橋から上流に約300メートルほど上り、白川が左に大きくカーブしている地点らしい。ちょっと俯瞰すると今回問題にしている昭和9年の石合戦のすぐ近くである。この付近では印地打の祭事にふさわしく、かつては左岸に「投石《なげいし》」という地区名があったが、河川改修で消えたらしく今は使われていない。近くの農業元田孝文さん（昭和13年生

陣内志談の原本（手前）と平成版復刻本（奥3冊）

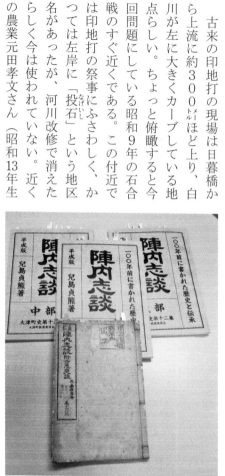

まれ）は「子どもの頃は近隣の悪ガキ相手に石投げをしたものです」と言い、投石地区の対岸、町地区の元役場職員大田黒義弘さん（昭和4年生まれ）は「村の伝承調査で印地打を知ったが、祭事で死者が出たと聞いて驚いた」と昔を振り返った。

話をもとに戻す。

石合戦が続いているところへ警察の応援隊がたどり付いた。けが人が大勢出ている。惨状である。手には竹やり、鎌、日本刀や猟銃を持った者もいる。これ以上騒乱が続けば死者が出る。午後7時半過ぎ津久礼側には大津署の秋永署長以下が、馬場楠側には石井一三熊本北署長以下50人が詰め寄り、強権を発動した。

「これ以上騒ぎが続けば逮捕する！　解散しろっ！」

夕闇迫る午後8時過ぎ、解散命令によって騒乱はやっと治まった。やりきれないのは津久礼側である。けが人が大勢出ている上に目の前の白川から水が流れてこない。興奮も続いている。握り飯の炊き出しを受け、現場近くにたむろしてスキをうかがうが、大津署が署長以下、徹夜の態勢で警戒している。結局、深夜になって引き上げた。

この緊張感はその後数日続いたが、5日から7日午後にかけて「沛然《はいぜん》たる驟雨」があり、突然、終止符を迎えた。この時の様子を9月9日付の九日新聞は「一滴千金」の見出しで次のように書き残している。

「沛然《はいぜん》と降りだした雨は、大旱魃《かんばつ》に喘《あえ》ぐ熊本県下農民を狂喜せしめ、熊本県警察部に続々集まる県下各警察署の報告も〝誠に万金の慈雨に御座候〟と書き添えてある」

大干ばつがもたらした白川の石合戦は、昭和9年夏に頻発した水争いの象徴的な出来事であった。

白川は実に厄介な川である。

第2章　灌漑──加藤清正の遺産

では、石合戦の舞台になった白川とはいったいどんな川だろう。その形態や歴史、関係機関の関わりを紐解いてみよう。

白川の源流は阿蘇郡高森町の根子岳山麓とされている。南郷谷を下る途中で南阿蘇村白水《はくすい》地区の白川水源や池ノ川、竹崎、明神池から噴き出る大量の湧水が加わって阿蘇カルデラを出る。この澄み切った水の流れる川から「白川」と呼ばれた。昭和50（1975）年からは高森湧水トンネルから排出される大量の清水も伴い、流量も増えた。

一方、根子岳の反対側、阿蘇郡一の宮町坂梨（現阿蘇市）を源に阿蘇平野を潤すのが黒川である。申し訳ないが、水が濁っている関係から「黒川」と呼ばれた（『陣内志談』から）。これは多分、ヨナ（火山灰）の関係である。『肥後国誌』にも似たような説がある。国土交通省では南郷谷の白川の方を源流にしているが、この方針を採るなら黒川は白川の支流になる。しかし、双方の形状、流量を見る限り、ともに源流に位置付けたい感じだ。

阿蘇五岳を真ん中にしてカルデラ内を流れる二つの河川はともに稲作農家には貴重な水資源で、その広さは南郷谷の耕地面積が約３６００ヘクタールで水田約２０００ヘクタール、これに対して阿蘇谷は耕地面積５２００ヘクタール、水田は４４００ヘクタールだ（『熊本県大百科事典』から）。だから、阿蘇谷の方が「千枚田」とも呼ばれるように広々としており、「南郷谷で育てた稲苗」は「阿蘇平野の稲田で賄える」と言われるほどだ。

白川と黒川はカルデラが切れ落ちる「立野《たての》」で合流、白川になる。この立野地区も神話の世界に包まれている。太古の昔、阿蘇外輪山で囲まれたカルデラ湖を阿蘇の大明神・健磐龍命が蹴破って大量の水が流れ出た一帯だと言われている。大明神が外輪山を蹴破った時、勢いが過ぎて尻もちを着き、「あいたた！　尻が立てぬ」と叫んだことから「立野」と呼ばれ出したとの名付け説があるが、これも神話の世界である。合流直前にある白川の鮎帰《あゆがえ》りの滝、黒川の数鹿流《すがる》ヶ滝が生まれたのも溶岩台地が起因している。もともと一つの滝だったのが、急流による浸食で分かれて後退し、二つの滝を形成したと言われている。

白川水系に多い水にまつわる神話と「水神さん」の顕彰も、住民が水の恵みと水不足の怖さを肌身で感じてきたからであろう。

平成28（２０１６）年の熊本地震では、立野地区を活断層が走っていたため甚大な被害を受け、山腹の崩落や家屋の倒壊で死傷者を出し、鉄道、国道が寸断する惨禍に見舞われた。合流地点から下流が「白川中流域」と呼ばれ、〝白川騒動〟の発火点となった舞台である。

　白川は熊本市の中心街を経て沖新町を河口に有明海へ注ぎ、その総延長は74キロメートル、支流に西原村を源流にして大津町の境界付近で合流する鳥子川がある。流域の総面積は４８０平方キロ、流域人口は13万人だ。熊本市の都心部を流れる川にしては流域人口が少ないと思われるかもしれないが、その理由は白川のすぐ北側を坪井川、井芹川が流れ、さらに南側の加勢川、緑川水系の流域面積が熊本市側に大きくはみ出しているためだ。

　ちなみに熊本県では白川を含めて四つの大きな河川があり、前出の緑川は上益城郡山都町を源流に総延長76キロメートル、甲佐町、美里町、川口町（熊本市）を経て最後は有明海に流れ込んでいる。水前寺江津湖からの流水も含む加勢川や御船川を支流に持ち、割合に水量も多く、干ばつにも強い。流域面積は１１００平方キロ、流域人口は54万人だ。

　次いで菊池川は阿蘇外輪山の東側、阿蘇市のミルクロード東側付近を源流にしている。菊池渓谷から菊池市を抜けて山鹿市、玉名市の穀倉地帯を潤し、最後はこれも有明海に注ぐ。沿線が令和元（２０１９）年に「今昔『水稲』物語」のストーリーを描いて「世界かんがい遺産」になった。総延長71キロメートル、流域面積は９９６平方キロ、流域人口は20万人だ。

４本目は球磨川。これは球磨《くま》郡《ぐん》水上《みずかみ》村を源流に球磨盆地、人吉市を流れ、最上《もがみ》川（山形県）、富士川（長野、山梨、静岡県）とともに「日本三大急流」の一つと言われている。支流にダム建設で揺れる川辺《かわべ》川を持ち、令和２（２０２０）年夏には沿線が豪雨に襲われて多大な被害を出した。総延長も四大河川では最も長く、１１５キロメートル。流域面積は１８８０平方キロと広く、流域の人口は14万人。最後は八代市を経て八代海に注いでいる（いずれも国土交通省調べ）。

球磨川水系も湯前町、多良木町の「幸野溝・百太郎溝水路群」が平成28年に「世界かんがい遺産」に登録されている。

以上のように、白川は四大河川の中では規模的に小さい方だ。

県外の人たちが熊本市を訪れて驚くのは「土」の黒さである。大分や佐賀の土地はやや灰色がかっているから、珍しい光景でもある。なぜ黒いかというと、それは明らかに阿蘇の噴火がもたらした火砕流とヨナ（火山灰）の影響だ。専門的には段丘砂礫層と呼ばれ、古代から営々と降り注いだヨナは一帯の地質を火山灰土質にしてしまった。このため、託麻台地を含めた熊本平野は水の浸透率が高い。水が呑まれやすい土質といえよう。だから農産物も地質に適合したカライモやニンジンが多い。

ヨナがもたらす〃ザル田〃

八代平野の干拓に功績のあった北部町（熊本市）生まれの鹿子木量平（維善《つなよし》、宝暦3年～天保12年）は、託麻台地の地質について次のように述べている（本田彰男氏『肥後藩農業水利史』より）。

「白川水系中流の軽土、乾土は、下流の湿土、重土に比して『普段水をかけざれば旱田に及び下在の五反の田水を一反に呑む』程の相違がある」

この意味は、熊本市の有明海に近い下流一帯なら1反（1000平方㍍）分で済む用水量が、上流の託麻台地なら5反分要るということだ。つまり、上流の田んぼは5

倍の水が必要だという。それほど浸透率の高い地質で、このことを指して〝漏水田〟、あるいは〝ザル田〟とも言われている。干ばつの際は沿線で大量に取水するので、下流にまで水が届かず、これまた水争いの絶えない原因にもなっている。

また、白川は意外と勾配があり、少しの雨でも流量が一気に増え、災害を起こしやすいと言われている。有史以来、何度も洪水に見舞われた。

例えば、寛政8（1796）年6月には阿蘇・根子岳方面で大雨が降り、白川に濁流が走った。田畑の冠水、土砂崩れが多発、死者59人の被害を出した。白川に架かる井堰の多くが流された。また、文政11（1828）年5月、あるいは明治17（1884）年も洪水に見舞われるなど、小さい被害を加えるならば梅雨時の恒例行事のようになった。

他の一級河川に比べて水の中の浮遊土砂量が多いのも火山灰のせいだ。濁流とともに流れ出る火山灰は田畑や都市部を覆い、乾くとカチカチになり、処理するのに厄介な代物だ。用水路や堰を維持するのに鼻繰り井手、土砂吐き構造が生まれたのもこのヨナ禍を克服するためだ。

ヨナ災害で記憶に新しいのは昭和28（1953）年に起きた「6・26水害」。

橋梁《きょうりょう》、護岸、堤防は破壊を極め、死者、行方不明者563人、家屋の全半壊9284戸、床上浸水3万1145戸と甚大な被害をもたらした（西日本水害調査報告書）。熊本市の中心市街地を襲った洪水は水が引いた後、大量の火山灰を残し、その処理に熊本市や熊本県は多大な労力を費やした。熊本の災害史を語る時、この「6・26水害」では必ず「ヨナ禍」がつきまとう。

直木賞の候補作となった元熊本日日新聞記者、光岡明氏の「湿舌」（文学界、昭和52年12月号）はこの時の惨状を生々しく描いた。

近年では、昭和55（1980）年8月にも死傷者10人、家屋の全半壊186戸を出す水害があり、白川はその都度、河川整備計画が見直された。今、国土交通省により、上流の立野地区で流量調整を主眼にした穴あきダムが建設されているが、この工事も下流域の洪水防止が目的だ。

こうした土質の地域をどのように切り開くか、ここで登場するのが加藤清正である。加藤清正は鼻繰り井手を説明する際にも登場したが、熊本では「土木の神様」と言われ、肥後藩の大改造を行った城主だ。

物語は大きく、天正16（1588）年、豊後大分から参勤交代の道を経て肥後藩に赴任する時、外輪山越えの二重《ふたえ》の峠から眺めた広大な熊本平野を見て任地の大改革を決意したという話がある。

とにかく辣腕《らつわん》をふるった。熊本城の築城、八代・玉名沿岸の埋め立てによる新田干拓、菊池川、緑川沿線の灌漑、そして人心の掌握。肥後藩在籍は23年間、跡を継いだ三男の加藤忠弘と合わせて加藤藩政は44年だったが、肥後の人々は以後、今日まで加藤清正を「せいしょこさん」（清正公）と呼んで親しんでいる。熊本の歴史を語る上では欠かせない人物だ。

加藤清正は白川を切り離して熊本城前を通る坪井川を作り変えるなど形状変更も行ったが、加藤藩政時代も含めて白川に関係した井堰、取水口（井樋）の建設は29カ所にも及び、灌漑面積は３５００町（ヘクタール）にも達した。

では、干ばつに襲われると白川流域はどうなるか。明治６（１８７３）年の惨状が『南部七郎日記』に描かれている。これを昭和６（１９３１）年に鈴木喬《たかし》氏（歴史研究者）が監修し、『郷土史供合《ともあい》』にその実態が記録されている（供合は飽託郡、現熊本市、筆者要約）。

「六月から少雨が続き、白川は水一滴も流れ申さず。ふち淵に少々溜まり居りのみ。川中部では草生え出し、草履にて往来仕《つかまつ》り候。少々の雨も流水は硫黄水のようだ。井手（堰）からの水も田植えはかなわず。この大旱魃で大豆には虫がついて腐れ、カライモは根つかず、田植えはとうとうできなかった」

この年は本当にひどかったのだろう。作家・司馬遼太郎の『翔ぶが如く』（文春文庫第五巻）には明治政府から白川県権令（熊本県知事）を命じられた「安岡（良亮）が着任した明治6年の夏は、おりから県下は大旱魃であった。かれの施政の最初は雨乞いの命令である。布令を出し、男女を問わず北岡神社と藤崎神社（ともに熊本市）に参詣して雨を祈れ、と命じた」と書いている。

まさに本書の主題である昭和9年の干ばつに相似だ。

だが、250年前の干ばつはもっと激しい。以下も『郷土史供合』から。

「明和七（一七七一）年、熊本地方は大干ばつに襲われた。その範囲は飽田、託麻におよび小山《おやま》山、神園《こうぞの》山の地下水に頼った井戸水も、白川の伏流水に頼った井戸水もすべて枯渇し、長嶺、御領、鹿帰瀬、弓削、石原、小山、平山の住民は飲む水に困り、白川に水を求めたが、これも遂に無くなり、住民はわずかな湧き水で命脈をつないだ」

ことほど左様に託麻台地の水不足は続いた。

だから、馬場楠堰からの灌漑は〝天水〟になった。

白川中流域の立野から有明海の河口まで、農業用の灌漑堰は今10カ所、他1カ所で取水口（護藤樋管）が設けられ、農業用以外には九州電力の取水堰が2カ所。参考までに述べると、「上流域」の阿蘇カルデラ内での利用は九州電力とチッソ㈱が電力発電用に各1カ所、白川と黒川沿線で各二つの改良区組織が農業用水として利用している。チッソは令和3（2021）年、所有権を売却した。

白川流域の灌漑堰のうち、立野を起点に下流を見ると、設置場所、建設年代、管理組織、灌漑面積は「別表1、2」（本書P44～P47）の通りである。

その多くは加藤清正の時代に計画、建設され細川藩政がこれを受け継いでいる。建設年代をみると、上流から順次築造されたのではなく、時代の変遷に従って灌漑されている。灌漑用水は畑地用水から次第に水稲用水に代わり、肥後藩の米の生産石高は増えていった。その分必然的に水争いも増え、分水協議が机上に上った。

分水とは文字通り、水を分けてやることで、上流側と下流側で話し合いの末、井堰を人為的に開閉することである。だが、干ばつ期ともなれば話し合いがそう簡単にまとまるものではない。大方もめた。水争いで喧嘩

築造年	築造者	管理者 土地改良区	備考
延宝3年 1675年	細川忠利家老 長岡監物	おおきく	中流域の最上部
寛永14年 1637年	加藤清正計画 細川忠利完成	おおきく	「6・26水害」で被災
元和4年 1618年	加藤清正着工 加藤忠弘完成	おおきく	白川水系最古の堰として築造、のち移転
享保11年 1726年	合志源三郎	おおきく	昭和28年、2つの堰を統合、共用
天和3年 1683年	細川綱利	おおきく	1775年下町から上町へ移設
慶長13年 1608年	加藤清正	馬場楠堰	鼻繰り井手が有名
慶長年間 1596～1614	加藤清正	渡鹿堰	白川で一番大きな堰 都市化で灌漑面積減
加藤時代 1588～1611	—	熊本市南	昭和54年から全面改良
藩政時代 1600～1868	—	白川西南部	河口から7キロの地点
藩政時代以降 —	—	白川西南部	下流域の最下部

・資料は国土交通省、おおきく土地改良区、肥後藩農業水利史を参考にした。
・番号は別表2の数字と照合

沙汰になることも珍しくはなかった。

白川特有の水争い

度々起きる白川水系での水争いは有名で、争いを解決するために分水協議が行われた。『熊本藩年表稿』（細川藩政史研究会編）には、寛政11（１７９９）年の６月17日に「旱魃に付き、六月十九日より翌二十日暮れまで白川筋川上蹟所々板蓋おろし分水す」とあるから、研究者の間ではもうこの時代から分

(別表1) 白川中・下流域の井堰

番号	堰、井手名	位置	取水口	かんがい面積ha
①	畑井手	大津町畑	左岸	126
②	上井手	大津町瀬田	右岸	379
③	下井手	大津町瀬田	右岸	425
④	迫玉岡（迫） （玉岡）	大津町岩坂 〃　森	左岸 右岸	64.5 37
⑤	津久礼	大津町上町	右岸	131
⑥	馬場楠	菊陽町馬場楠	左岸	160.8
⑦	渡鹿	熊本市中央区渡鹿	左岸	当初 1083 現在 264
⑧	三本松	熊本市南区上ノ郷	左岸	65
⑨	十八口	熊本市南区薄場	左岸	323
⑩	井樋山	熊本市南区今町	左岸	427

・この他、取水口のみとして護藤樋管（熊本市南区薄場町、93ha、熊本市南土地改良区）がある。

#（別表２）白川水系の主な水利用の現況図

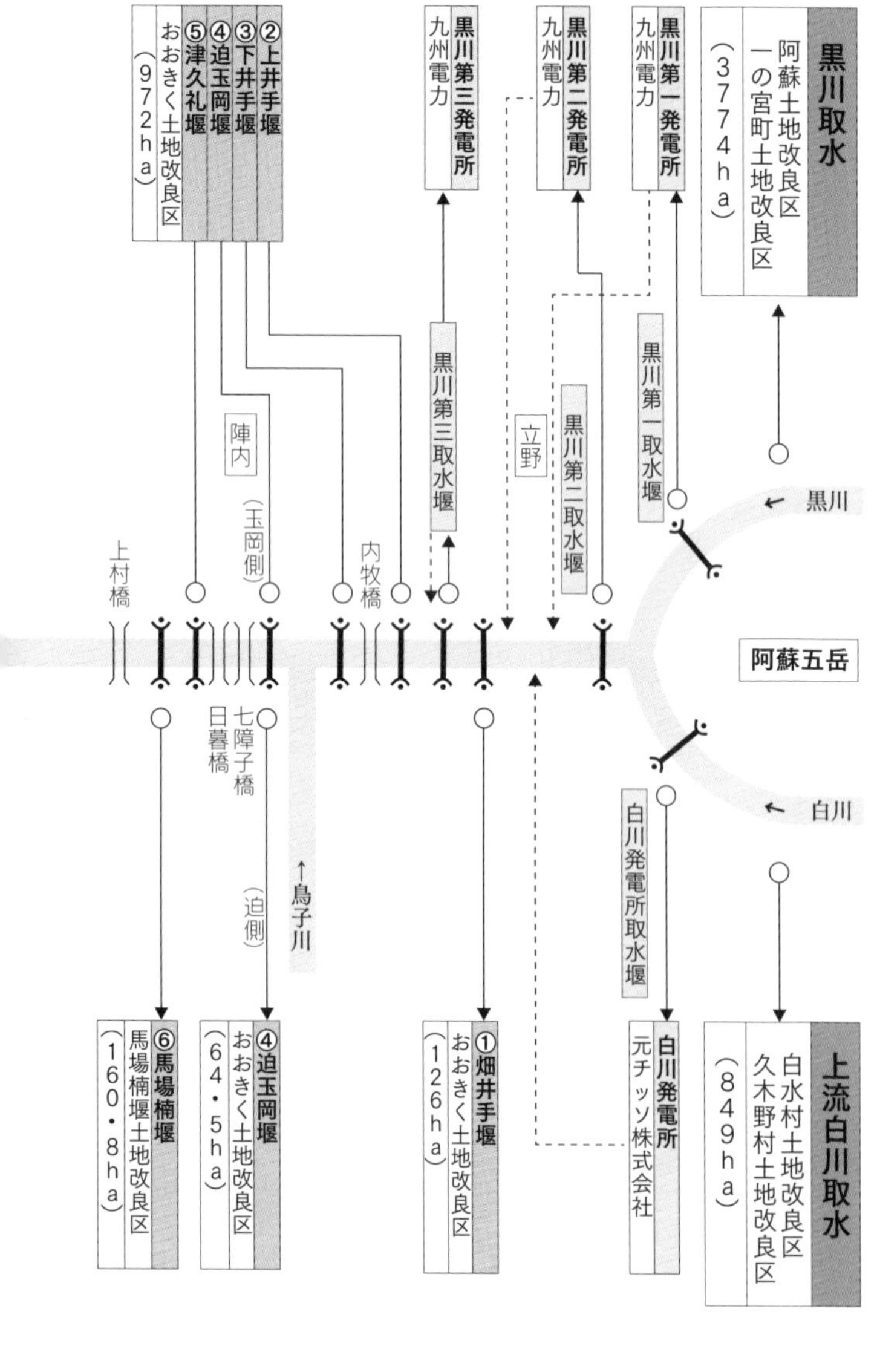

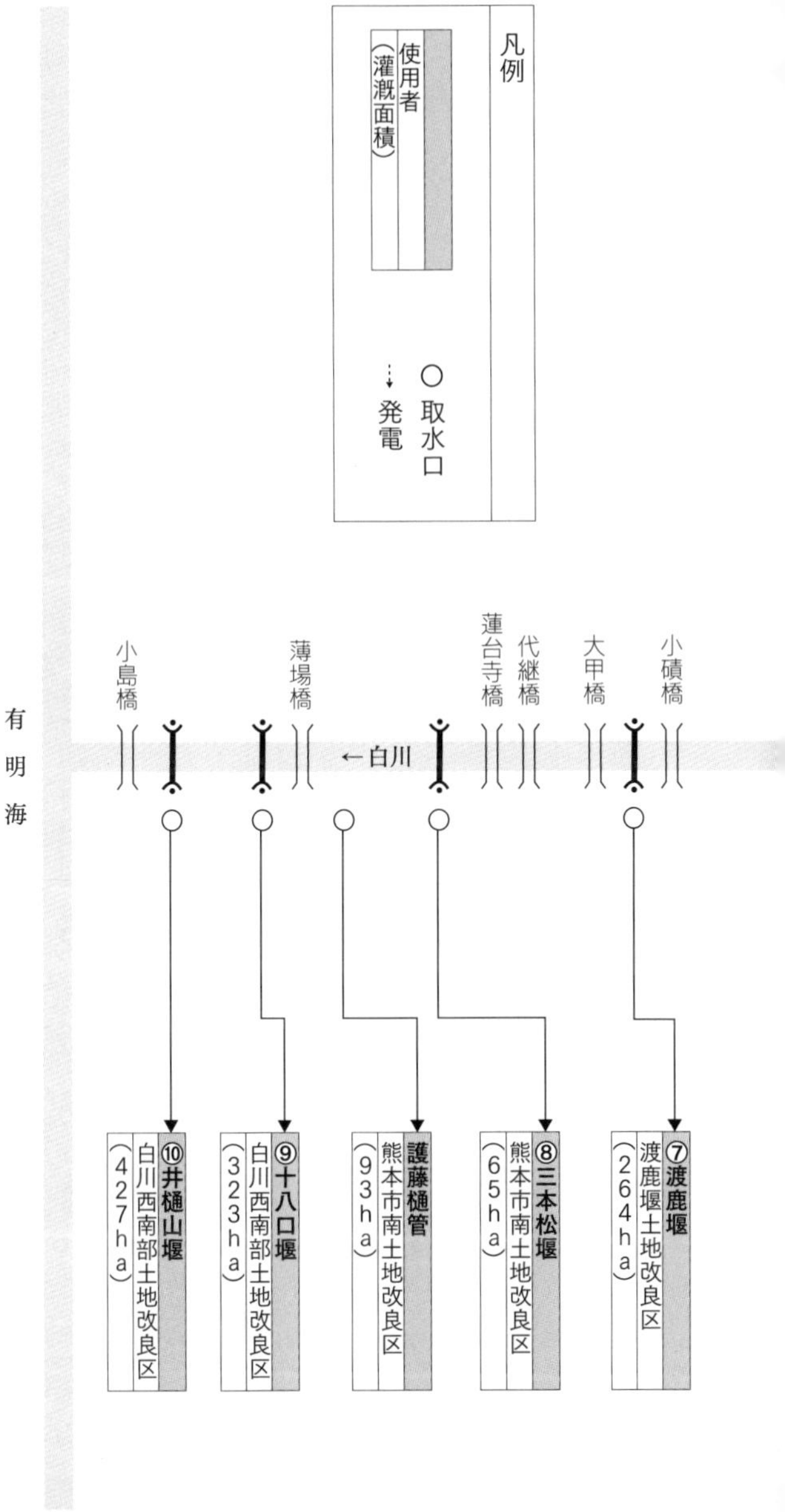

国土交通省調べ（令和3年6月現在）
※灌漑面積は別表1に合わせた

水が始まっていると見ている。220年も前のことである。

前出の鹿子木量平の『藤公偉業記』(「藤公」とは加藤清正を指す)によると、文政6(1823)年、干ばつで上流の堰を開放して下流に分水を求める事案が発生している。この年はオランダ政府の医官シーボルトが長崎に来た年である。また、嘉永5(1852)年にも同じく分水交渉があり、託麻方面に分水したとある。この年は明治天皇が生まれた年であり、翌年にはアメリカ軍の提督ペリーが浦賀に現れた年だ。

この際の分水の方法が、昭和に入って行われる分水協議の原型になったと思われる。そのやり方とは。以下、『肥後藩農業水利史』から抜粋。現代文に改めた。


「嘉永五年六月朔日《さく》(一日)よりの分水を庄屋で協議
一、六月朔日朝六時より二日朝六時まで一昼夜(二十四時間)分水
二、六月二日朝六時からは降雨で増水するまでの間三歩(三割)を分水」

と、決めたが、上流側が難色を示し、時間を16時間に短縮することになった。次いで安政4(1857)年にも託麻方面に8時間分水したとある。

分水協議は奉行所が仲裁役になり、近代は県や警察にその機能が託された。干ばつが続くとその都度、上下流域の農民間で「覚書」が作られてきた。また、藩政による強制的な分水命令も度々出されていた。

「分水覚書」や「分水命令」は藩内の平穏を守る巧みな統治機能でもあったろう。

近代になってからは大正13（１９２４）年7月、水不足に悲鳴を上げた下流の農民の要請を受けて熊本県知事が玉岡堰に分水命令を出している。この分水命令は旧河川法の第二十条六項の「公益の必要があるとき」を根拠にしたもので、井堰の開閉に知事の強権発動を認めたものだ。

翌年には渡鹿《とろく》堰が頑丈なコンクリート堰に改築して流水を止めたため、下流の農民がこれに怒り、５００人が県庁に押しかけるという事案が起きた。このため、知事は上流側に分水命令を出した。だが、そのやり方がおかしいとして今度は上流側の１０００人近くが県庁に詰めかけ、熊本県警察部が厳重警戒するという事案があった。この時は上下双方の町村長ら20人近くが県に集まり、知事を囲んで打開策を協議する席まで設けられた（九日新聞から）。

このことを教訓に一つの協定が出来た。以下、現代文に意訳。

一、分水は上流七〇時間、下流二八時間とする
二、分水開始時期は県に於いて必要と認める時行う
三、降雨、増水の時は分水中でも中止することがある
四、右の協定は必要があるときは協議の上変更することがある

などを骨子とし、大正15（1926）年7月に結ばれた。

この協定は後々蒸し返されるが、上流側と下流側の農民との間では昔から灌漑堰の運用には極めて神経質で、県当局も間に挟まって頭を悩ませた。逆に言えばそれだけ白川は問題を抱える河川だった。

『熊本県警察史　第二巻』（昭和57年発行）には、特別に「水騒動」の項が設けられ、その中の発生年表を見ると、農民が熊本県庁や熊本市役所に度々押しかけて談判を申し入れしたことが例示されている。大正5（1916）年から昭和15（1940）年までに10件も起きているということは、水争いでの仲裁機関の役割の大きさを物語る。

田んぼを守る土地改良区

白川に架かる灌漑堰と取水口は「別表1」（本書Ｐ44・45）、「別表2」（同Ｐ46・47）の通り、それぞれ「土地改良区」という団体に管理されている。土地改良区というのは私たちにとってあまり馴染みのない組織だが、実は農業を営む人たちにとっては極めて重要な役割を果たしている。

その運営は昭和24（１９４９）年に施行された「土地改良法」に基づいており、県知事に認可された水利組合である。井堰の取水口から流れ下る農業用水は二つの方法を採って利用される。一つは網の目のように張り巡らせた用水路から直接各農家の水田を潤すのと、もう一つは田んぼで十分に満たされた水が、隣の水田へ、そして次の田んぼへと流れ落ち、最後に用水路に戻る方法である。この受益者が改良区のメンバーだ。

かつては井堰の一つひとつに土地改良区があったが、近年では統合、合併が続き、白川中・下流域では「別表1」のように5つの組織になった。「おおきく土地改良区」とは菊池郡の大津町と菊陽町の改良区が合併して「ひらがな」の区名にしたものである。

菊池川、緑川、球磨川にも用水利用ごとに土地改良区があり、その上部団体の熊本県土地改良事業団体連合会（熊本市北区龍田陳内）によると、県内では88改良区、8万4000人が加盟している（令和2年現在）。熊本農業のバックヤード的な組織であり、今も加藤清正の遺志を受け継ぐ人たちであろう。

余談だが、区員のほとんどが農業協同組合の組合員と重なり、全国では4400改良区、350万人が会員で、当然ながら政治力も強い。全国土地改良政治連盟では自由民主党支持を中心にし、組織内候補を立てて国会議員を当選させる集票力を誇る。だから、国とのパイプも太い。ただ、一度だけ苦虫を噛んだ。民主党が政権を握った時で、この時は自民党幹事長の野中広務連盟会長（故人）が民主党の小沢一郎幹事長（当時）に予算の陳情をしようとしたが面会拒否を受け、土地改良区への補助金をバッサリ切られる憂き目にあった。小沢氏による集票組織の弱体化を狙った動きだったのだろう。直近の連盟会長は自民党実力者の二階俊博氏。二階氏が会長になって補助金も復活、氏の持論は「国土強靭化」だ。

改良区の運営は主に区員の賦課金（年会費）と関係自治体からの補助金だ。おおきく土地改良区の場合、年間１億７０００万円の基本運営費に工事費などの特別会計がある。この仕組みは他の土地改良区も同じである。

土地改良区の日常的な業務は井堰、用水路の維持、管理や除草、点検が中心で、例年５月ともなると堰の取水口が開けられ、井手にびっくりするほどの用水が流れる。稲の生育具合によっては配水も加減される。

だが、近年は宅地開発や工業団地、商業用地の造成が進み、排水路としての点検、監視に重要な調整が求められている。いわば国土整備の基盤組織でもある。どこの土地改良区も職員は数人で、農協組織とは比べようもないが、地域社会への貢献は大きい。

白川の井堰にもそれぞれ特徴がある。立野から下の白川中流域の約１３００ヘクタール《タール》を潤す井堰のうち、最上部は畑井手堰。谷あいにあり、取水口のそばにはイノシシ罠も仕掛けられているという険しい場所だ。対岸に九州電力の発電設備がある。一時はすぐ下の上《うわ》井手堰とともに住民の生活用水にも共用された。上流部分にあったおかげで渇水時期でも影響は限定的だった。

上井手堰は白川からの取水口にお酒の燗壜《かんびん》に似た「銚子口」を配し、石工の腕をしのばせる石柱ががっしりした構えだ。用水路は瀬田から大津町役場の上側など町中心部を通り抜け、24キロ下って堀川から熊本市北部の飛田で坪井川と合流するのだから、その開削力に驚く。まさに、熊本城の外堀になる。

上井手から1・3キロ下流に下《した》井手堰がある。かつて白川で最古の築造と言われたが、昭和28年の水害後、200メートルほど上側の現在地に移った。銚子口に屋根が掛けられた特徴的な形は「屋形井樋《やかたいび》」と言われる。配水を見張る番小屋の役割を持っていた。以前は板葺き屋根だったが、今は赤さびたトタン屋根でいかにも古びている。本書第1章「激突」の項にも登場した合志幸德さん

白川中流域最上部の畑井手堰。対岸に九州電力の発電施設がある

上井手堰

上井手堰の銚子口。石垣、石柱は当時のまま

は下井手堰の水門管理者。「屋形井樋は貴重な文化財で修復保存が必要だが」と案じた。

井堰の真ん中に兜岩と呼ばれる大きな岩がある。阿蘇の大爆発で流れ出た溶岩の一部との学説もあるが、これも健磐龍命の神話が絡み、立野で蹴破られた外輪山の岩がここまで飛んできたとか、健磐龍命が兜を脱いで投げ飛ばした石という説がある。兜岩があるため水流が川の真ん中で分かれ、かつては右岸側の取水口へほどよく流れ込んだ。加藤清正による自然を生かした見事な利用法だと言われている。現在、取水口は堰の上にある。

一帯の地形が平野になる迫玉岡堰は取水口が右左の2カ所にあり、左岸が迫、右岸が玉岡である。ここから3キロほど下ったのが既に

下井手堰。中央が兜岩

下井手堰の屋形井樋（右）と砂蓋門

岩坂の迫玉岡堰（左岸迫側から撮影）

述べた津久礼、馬場楠堰で、ここまでが「白川中流域」だ。

渡鹿堰から有明海の河口までが「白川下流域」。渡鹿堰は白川最大の構造で、現在の井堰は「6・26水害」後に造り直された。左岸の取水口近くには木立に囲まれた渡鹿菅原神社があり、「みくまり」の説明を付けた「水分神社」との看板もある。水神さんを祀り、「水分」とは文字通り、「水配り」の意味である。また、境内には加藤清正が座って工事を督励したという「腰掛石」もあり、歴史をしのばせる。対岸の黒髪地区から堰を眺めると、実に堂々たるどっしりとした構造だ。

渡鹿堰の上流左岸から川岸を覗くと、右カーブに沿った流れに3㍍ほど突き出た石造りの小さな堤防が4カ所ある。ここに上流からの流れがぶつかって水勢が若干弱まることで、川岸を急流から守る役割を持つ。これこそ加藤清正が白川改修をした折に設置した「石刎《いしば》ね」と呼ばれる機能と同様の効果を果たすもので、河川安定の優れた構築物である。

近年、熊本市中心部の明午橋《めいごばし》が架け替えられ、橋の欄干から左岸下流を見ると、ここでも石刎ね的構造の突堤が見える。この突堤は「生物の多様性を助ける性格を持たせている」(国土交通省熊本河川国道事務所)とし、魚類の避難、生息場所になって

黒髪側から見た渡鹿堰。中央の木立は渡鹿菅原神社境内。「水分神社」も含まれている

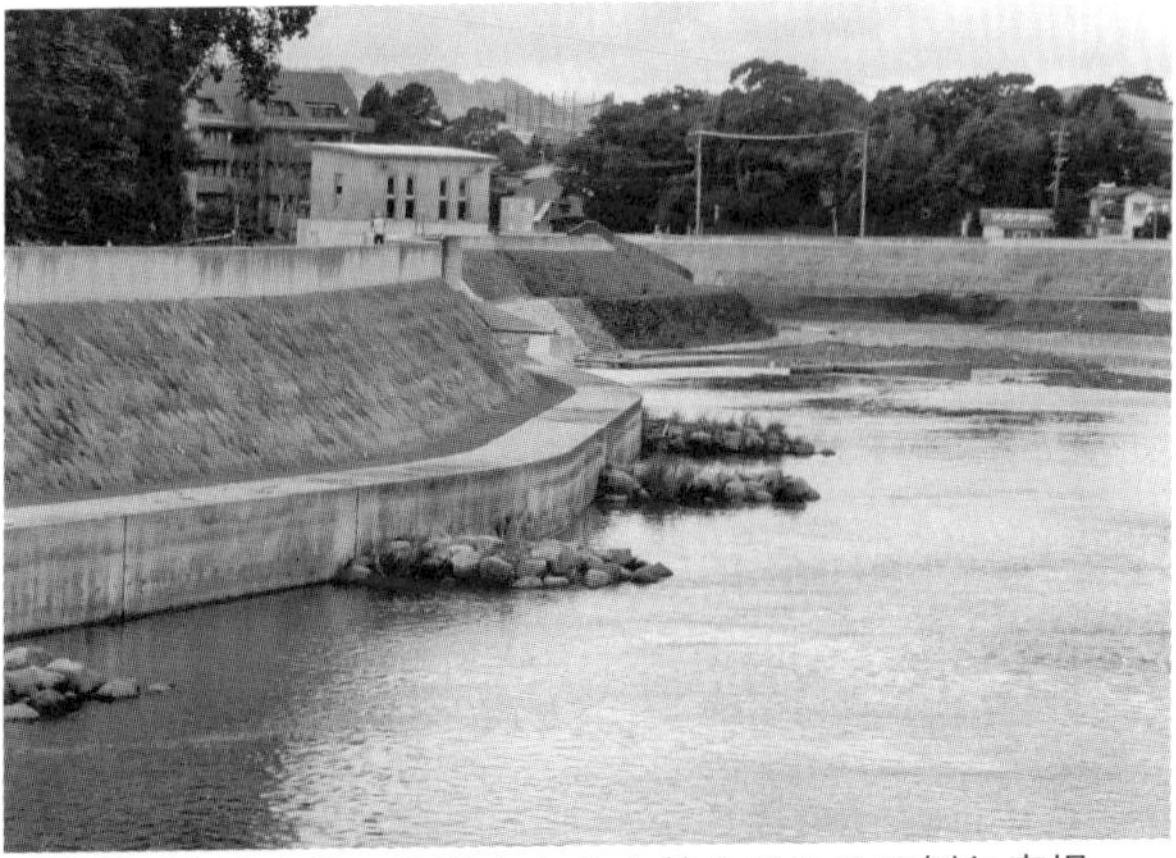

渡鹿堰の左岸上流に建設された水勢を弱める石刎ね突堤

いるようだが、当然のことながらここでも水勢は弱まろう。加藤清正の河川改造では、既に説明した「鼻繰り井手」「土砂吐き」そしてこれら「石刎ね」は三大優れものと言われており、いずれも今も生きている土木遺産である。

渡鹿堰からの用水路は「大井手」の名称で熊本市中心部を流れ、熊本市消防局前の熊本中央警察署新屋敷交番裏で「一の井手」に分水、以後、白川小学校裏側で「二の井手」「三の井手」と熊本平野へ分かれていく。いずれも熊本市の西南部地区に供していたが、戦後の急速な都市化で田畑は宅地化、商用化が進み、受益農家も減少の一途だ。ただ、都市部を貫く井手だけに市

大井手（右側）と一の井手（左側が取水口）の分岐点。新屋敷交番裏

民の潤いの景観も作り出し、例えば新屋敷地区の大井手では子どもたちが釣り糸を垂れ、熊本整形外科病院前を流れる二の井手では川底の細い水路に色鮮やかな錦鯉が泳ぐ。

稲作の時期以外の秋冬にも幾分かの水が流されているが、これは用水路が乾いてしまうと周辺の住民から「臭くなる」との苦情が出たり、川魚が生息していることも一因にある。都市の用水はまた別の配慮も必要なようだ。

大井手の水の最後は、安政橋下の九品寺樋門から白川に流れ込んでいる。一の井手は熊本市消防局前を通る産業道路を斜めにくぐり、出水、画図《えず》、八王寺方面へ。二の井手は電車通り下を抜け、熊本大学医学部裏から大きく左へカーブ、春竹、田迎、御幸と南熊本方面を潤す。三の井手は、熊本大学病院の地下を通り、世安、十禅寺、近見方面へ流れる。

新屋敷地区を要に、扇を広げたように広がっていく灌漑用水路はさすが加藤清正の構想である。

渡鹿堰から8㌔ほど下ったところから始まるのが、「三本松堰」「十八口堰」「井樋山《いびやま》堰」だ。いずれも建設年代は不明で、いくつかの資料では3カ所とも「藩政時代」

としているので、加藤・細川藩政時代に築造されたのだろう。昔から洪水で度々壊れやすかったらしく、農家は困り果てていたが、三本松堰は昭和54（1979）年から修復が始まり、現在の形になった。

薄場橋そばの十八口堰左岸下には石碑と観音像が建っており、のどかな風景だ。井樋山堰左岸の取水出口は四本の分水構造が巧みな灌漑施設を思わせる。

白川もこの付近はまだ湛水域で、井樋山堰が有明海の潮を受ける最後の役割を果たしている。しかし、多少とも有明海の干満差の影響を受け、一方で渇水期ともなると上流堰の取水の多寡がまともにかぶさって来る。このことが長年の悩みのタネで、水騒動は常にこ

三本松堰（左岸から撮影）

十八口堰。右側は薄場橋（左岸から撮影）

井樋山堰（左岸から撮影）

の付近の南側から始まった。今、三つの堰の統合計画が俎上に上っている。

管理の基本は河川法

河川は基本的に国が管理することになっているが、それでは目も届かないので、一部は都道府県に管理委託している。「一級河川」は国で、「二級河川」が都道府県管理になっているのはこのためだ。この他、市町村長が管理する準用河川、普通河川があり、国、県の基準に沿って運用されている。

「河川」は公共の財産とされているから、誰でもが勝手に利用してよいわけではない。そこにはいろんな権限が伴うし、制約も発生する。その基盤となるのが「河川法」だ。これからは少々堅苦しい話になるが、本書の展開に大きく関係するので、お付き合いを。

河川法は明治29（1896）年に旧河川法が制定され、昭和39（1964）年に現在の河川法になっている。考え方としては「治水」を優先し、「利水」は干ばつのように「いざという時」に備えたものだ。

この白川騒動は旧法が適用され、その中でも河川の形状を変更したり、河川内の構築物に許可なく手を加えるのを厳しく戒めている。そして、流水の在り方にまで言及しているのが特徴だ。

旧河川法の「第二章　河川の使用に関する制限、並びに警察」では次のように規定している（法律はカタカナ混じりだが、現代文に改めた）。

第十七条　次に記載する工作物を新築、改築もしくは除却するものは地方行政庁の許可を受けること

一、流水を停滞せしめもしくは引用し、流水の害を予防するために施設する工作物

二、河川に注水する為に施設する工作物

三、河川の区域内の敷地に固定して施設する工作物、または河川に沿い、河川を横断しもしくはその床下に施設する工作物

第十八条　河川の敷地もしくは流水を占用しようとするものは地方行政庁の許可を受けること

先に、旧河川法の第二十条六項で「公益のため必要あるとき」として県知事に分水命令権を与えていることを述べたが、この「公益のため」というのはかなり幅広く解釈できる条文で、場合によっては利用者への強権を伴う。いずれにしても条文から見えるのは、井堰の管理に県知事はかなりの権限を持っているということだ。

本書第1章の「激突」で述べた馬場楠堰側と津久礼堰側の石合戦で、津久礼堰側が度々、堰の運用で県側から注意の指摘を受けていたのもこれらに基づいている。その関わりと具体例は第3章以降で述べる。

もちろん井堰の運用は杓子定規に決められたものではなく、過去の慣習や取り決めもベースになっている。

現代はどうなっているのか。新河川法は旧法の精神を受け継ぎつつ、文言も分かりやすく、細かく規定している。文中で出てくる「河川管理者」は国、県である。

第3節「河川の使用及び河川に関する規制」では「流水の占用の許可」に関する項目を設け、その第二十三条で「河川の流水を占用しようとする者は、国土交通省令で定めるところにより、河川管理者の許可を受けなければならない」とし、流水の利用に一定の枠をはめている。河原で車を洗うぐらいは問題ないが、継続的、定量的に使ってはならないというわけだ。

また、第二十四条では、「土地の占用の許可」を必要とし、船小屋や井堰などの構築物を設ける時は占有願いを出し、第二十六条の「工作物の新築等の許可」を受けることになっている。そして、第二十五条では「土砂の採取」には許可が要り、河川区域内から大量の砂や石は持ち出せない制度だ。勝手に営業目的には使えない。

このように河川の管理は細かく規定されているが、実は白川を利用しているのは灌漑用水だけではない。河川内の工作物や河川の上を通す利用権も勝手にはできない制約がある。白川にはたくさんの橋が架かり、ＪＲも鉄橋を架けている。電線や電話線が走り、電柱の建設や沿岸道路にも使われる。太いパイプで生活水道も橋に沿っている。

私たちの生活に欠かせない川の利用だが、いずれもその根拠は前出の二十四条、二十六条に基づいて占用許可を受け、そして使用料を払う仕組みだ。山間部のダム発電所から高圧線が走り、陸地を横断的に貫いているが、驚くことにこれも白川の上空を通る時は国の占用許可が必要で、使用料は県が徴収することになっている。ただ、いずれの場合も公益性が高いことを証明できれば、申請して免除される。

このように河川の管理は想像以上に手厚く、そして複雑だ。春夏秋冬、何気なく見ている白川の風景もその背後には多くの人々が関わっている。

では、本書の中心である干ばつで水争いが起きた時どうするか。

当然、その調整機能も持っている。過去の歴史からすると、この機能はあらかじめ定めておかないと大問題になることが教訓としてあったのだろう。

河川法の第4款「緊急時の措置」は第五十三条で「渇水時における水利使用の調整」を定めている。長くなるがこの条例は今後の本書の展開に関係するので引用する。

　異常な渇水により、許可に関わる水利使用が困難となり、又は困難となる恐れがある場合においては、水利使用の許可を受けた者は相互にその水利使用の調整について必要な協議を行うように努めなければならない。この場合において河川管理者は、当該協議が円滑に行われるようにするため、水利使用の調整に関して必要な情報の提供に努めなければならない。

そして、水利使用者のお互いがこの調整を尊重し（五十三条2項）、調整が不調に終わった場合、公共の利益に重大な支障があると認めれば斡旋、調停を行う（五十三条3項）ことができるとしている。

水争いの場合、とかく死活問題であり、双方とも簡単に折り合うことはできない。しかし、渇水は目の前にあり、早く調整しなければ時間の無駄であり、調整者の行政側には迅速さが求められる。そこで少なからぬ強制力でもって裁断してもよいという余地を与えているのである。それが「斡旋、調停」になってくる。熊本県の河川課では「ギリギリまで調整して斡旋すれば従ってもらえるはずだ」と述べている。

このように河川法でその水利使用は制限されているが、一方でこれも私たちがあまり知らない「水利権」というのがある。

水利権に守られて

水利権の歴史も古い。なぜならこの権利こそが、農業者にとっては作物の生育に直接関係する重要な用水の行方を左右するからである。

水利権そのものの考え方は江戸時代初期には既に現れていたようだ。川の水は農業用水だけではなく、飲料用や炊事洗濯などの生活用水、染物、皮革なめしなどの製造用水、消防用水としても使われていた。ただ、用水路を開削し、維持管理することを踏まえ農業用水が最優先に認められていた。

だから、日本の隅々まで行き届いたこれら農業用水は明治29年に旧河川法が施行された際、従前から使っている農業者に対しては「慣行水利権」として認められた。それ以外は「許可水利権」となる。白川中流域に建設されている井堰のうち、畑井手堰から馬場楠堰までの6カ所は慣行水利権として各地区の土地改良区に認められ、その管理管轄は県である。

これに対して渡鹿堰から井樋山堰までの4カ所の堰は「許可水利権」として国土交通省が管轄している。古くからある井堰なのになぜ許可水利権になっているかというと、井堰の権利変更の際、国交省が「慣行水利権」から「許可水利権」に変更するよう強く求めているからと言われている。

「慣行水利権」と「許可水利権」の大きな違いは、「水を使う権利の自由度」である。水の使い方にいちいち、指示を受けることなく、地域の特性に合わせて使い方を決めたい、というのが慣行水利権の管理者だ。

用水路は土地改良区が管理しているので、ここに流し込む他からの排水に管理料を請求できるかは長い間論争の的だった。雨水のように自然水の流入なら問題ないが、最近のように都市化が進み、農地転用して宅地化、商用地化が進むと必然的に家庭雑排水や汚水が発生する。この際、浄化施設を通しての排水になるものの、その際の自家処理は単独では費用もかかり不可能なので、当然のことながら手近な用水路に流すことになる。

では、この時土地改良区管理の用水路に流れ込んだら、これら排水者に使用料を請求できるのか。

この問題は近年、大きくクローズアップされ、徳島市では支払いを拒否する人と用水路管理者との間で裁判沙汰にまで発展した。しかし、最高裁判所は令和元年７月、「河川法に基づく許可は（改良）区に流水を使用できる権利を与えたもので、この許可に基づき使用料を他者に請求することはできない」と判断し、これが確定した。

水利権とは直接無関係のようだが、実は農業用水路は水利権が伴って初めて建設可能なものであり、混住化が進む都市部の農業地帯では増々管理が難しくなっている。

昭和9年に戻る。

6月。

熊本地方はいよいよ過酷な空梅雨の季節に入る。

第3章　予兆—空梅雨の始まり

新暦の6月11、12日は例年なら入梅である。シトシトとした雨が続き、庶民はうっとうしい日々を迎えるが、稲作農家にとっては待ち望んだ田植えの季節である。だが、昭和9年のこの年、6月になってもその兆候は見られなかった。

九日新聞は12日付の朝刊で熊本測候所の気象予測を載せ、「雨は忍び足　本降りは20日過ぎか」と占った。それによると「日本の南東海上で頑張っていた高気圧が千島列島の南方に移動して、久しぶりに雨季近しの気圧配置になったが、肝心の揚子江一帯に雨気が乏しく今のところお芝居にもならない」と嘆息気味の記事を書いた。

そして「入梅は20日頃か」としながらも、「過去の経験からいったん雨が降り出したらはるかに多くの出水があり、今後は天気の変化もある」と希望的観測記事を載せた。

この時点で「入梅は少し遅れているが、そう心配することはあるまい」といささか楽観的ではあったのも無理はない。同じ日の紙面では「これまで天候に恵まれ、繭の質は至極良好で、生産量は昨年の五分増の見込みである」と報じているのだから、農作業への影響は少ないと見たのだろう。

確かに12日当日、少量の降雨があったようで、夕刊に熊本市の江津湖で雨傘をさしている女性の風景を大判で活写、本格的な梅雨を待ち望んだ。

その上で解説する。

「熊本の梅雨は例年、三段階でやってくる。今頃（六月初旬）前衛隊が来て、梅雨の前奏曲を鳴らし、七月初めに一休みした後、本隊が到着。各地に洪水、氾濫のひと騒動を起こし、下旬に幕を閉じる」

なんと、毎年、繰り返される熊本の梅雨そのものである。

だが、6月中旬の16日には今年の6、7月の降雨を予測し、鹿児島を含む南九州は空梅雨の気配がある、と一転警戒気味の予測になった。

「今のところ、降雨のあった日は最も少なかった明治30年12月の半分しかない」と言う。

これは北米からカナダにかけて干ばつが続き、アメリカの研究者が「太陽の黒点活動が活発化している」ことをその理由に挙げた（23日付九日新聞）のを紹介し、西日本の干ばつもこの黒点活動が関係しているのではないかと推測した。ただ、日本の三《み》鷹《たか》天文台（東京都三鷹市）は太陽黒点説を否定している。いずれにしても干ばつの理由が色々と考えられたのだろう。

6月も終盤になると空梅雨状態がはっきりと見えてきた。「田植えの支度はできたが、一滴の雨もなく、お百姓さんは干天を仰いでいる」と農村のあせりを描く。「目薬ほどの雨もない」との表現があり（29日付九日新聞）、「宮崎ではアスファルトの道路が飴のように溶け、養殖中の食用ガエルが暑さで死んだ」と伝えている。

この頃になると空梅雨の実感はもう間違いない。「半夏生《はんげしょう》」の7月2日には早くも梅雨が終わり、入梅から半夏生までの雨量は100・5ミリで、例年の3分の1だったと記録した。

気象庁による観測では、昭和56（1981）年〜平成22（2010）年までの30年間の熊本の6月平均降雨量は404・9ミリである。これに対して問題になるこの年の6月の降雨量は151・4ミリである。

『熊本県災異史』（昭和27年、熊本測候所）もこの年の異常気象に触れ、「干害が県全域に及んでいる」と特筆している。雨量が例年の3分の1弱になることは思いもしない非常事態が待ち受けていることを意味する。水俣の袋地区では空梅雨のため、朝夕の飲料水に不足を来していることが報道され、まさに大干ばつの予兆が見えてきた。もちろん、この雨不足は熊本だけではない。九州から中国、四国地方にまで広がりを見せ始めた。最初に騒動が勃発したのは7月1日である。大分県の直入郡（現竹田市方面）では灌漑用水路からの分水地点に農民50人が殺到、水門破りの騒ぎが起きた。その3日後には玖珠郡森町で同様の事案が発生、鎌やこん棒を使っての流血騒ぎが起きた。それぞれ竹田、森警察署が警戒を強め、下毛郡（現中津市）ではこれも農民同士の対立を中津警察署が「鎮撫《ちんぶ》に務めた」とある。大分方面でも干害がひどかったようだ。

影響を受けたのは農業だけではない。国鉄（現ＪＲ）の鹿児島本線「長洲駅」（玉名郡長洲町）では、上り列車がホームに近づいたため、駅員が列車を誘導する転轍機《てんてつき》を作動させたが、これが動かず駅員は慌てて予備線への進入に切り替え事なきを得た。熊本保線区で原因を調べてみると、転轍機が熱で膨張、作動不能に陥ったことが分かった。この機転があと数分遅れたら大惨事になっていた。「九州で初めての夏の珍事」に国鉄では全九州の駅の転轍機を調べることになった。

大分の別府では京都帝国大学研究所の調査で、雨不足の影響により温泉地一帯の湧出量が4割も減り、観光地は恐慌に陥っているという。秋から冬にはさらに減り、湯温も下がるかもしれないと警告された。その別府の日豊本線亀川駅近くでは列車飛び込み事件があり、干ばつで田んぼ七反の稲が枯死したのを悲観して「俺が死んで雨を降らせる」との遺言（遺書）を残した男性（34）が見つかった。

北九州の工業地帯も水不足の影響を受けている。特に日本製鉄八幡製鉄所（当時）では45年ぶりの干ばつに、機械の冷却に使う貯水池があと1週間しか持たず、首脳部は軍需品工場を除外して他は全面休止も検討しているという。

久留米の陸軍工兵隊は井戸掘りに出動し、福岡県知事が参加して神社で雨乞い神事を予定することになった。

この異常気象で敏感に反応したのが警察である。各地で水争いを巡り不穏な動きが出始めた。熊本県警察部の高等課は3日、各警察署に発電用水の貯留地や樋門の警戒を指示、特に白川水系では熊本南警察署が農事組合と連携して各井堰の樋門を徹夜で見回りすることになった。

いよいよ、事態が切迫してきた。

白川は子どもの運動場

異常事態は市民生活にも及び、九日新聞は「雨よなぜ降らぬか　水神さんは居眠りか」との見出しで報道、熊本市民は、その暑さに耐えかねて夜間、花畑公園で涼を取り、水のない白川は子どもたちの運動場になっていると描いた。

当然のことながら、田植えにはもろに影響がかぶさった。阿蘇郡高森町では農家の3分の2で田植えができず、飲料水にも事欠き始めた。天草では田植えの準備もできず、あと10日が限度だという。熊本市では出水《いずみ》、画図方面で井戸水利用の田植えができたものの、白川・渡鹿堰からの灌水は本山、本荘、春竹方面の田んぼまで届いただけで、それ以外では水が続かず、7月中には終了するはずの田植えが全く見込めなくなった。これは渡鹿堰から流れてきた大井出からの水が一番上の一の井手、二の井手の途中までは流れたものの、三の井手には届かなかったことを意味している。

熊本市南部の沿海地方では、このような干ばつで海水の逆流現象が起き、田畑で塩害が見られ出した。飽託郡農会では、田植えをあきらめ、種もみを陸稲のように直播《じかまき》する考えも出てきた。

熊本県農林課が7月2日現在の干害被害を調べたところ、県内の水田7万5000町（ヘクタール）のうち、植え付け終了したものは3万5000町、逆に植え付け不能に陥っている水田が2万町にも上った。このまま秋を迎えれば相当の被害が出ると懸念された。

この状況を行政機関も見過ごしにはできない。7月3日、気温は33・9度、4日には35・6度を記録、平年を5度以上も上回った。熊本県庁では「干天対策会議」が開かれた。出席したのは農林課長、穀物検査所長、農事試験場所長、県農会技師など20人。「額を集めて脂汗をかきながら協議した」ようだ。

協議の内容を聞けば深刻さの認識には農家も戸惑っただろう。今後の成り行きを3案で想定。①7月中旬まで降雨がない場合、②それ以降も干天が続いた場合、③8月まで降雨がなく作付け不能になった場合―を検討。③案は「考えただけでもゾッとする」（九日新聞）ので①案だけを検討することになった。

「とにかく苗代を伸ばさぬことが肝心だ」

その対策として、①田んぼに深水すると早苗が育ちすぎるので控えめに、②田んぼが乾いて早苗の根元に青草を敷く場合、害虫に注意すべしなどとして、「湿気を減らし、苗代をあまり成長させるな。灌漑水を節約して共同精神を発揮し、この干害禍を防止したい」という結論だから、なんのことはない、この事態を追認しただけである。この協議については市町村長を通じて農家に伝えることになったが、「湿気を減らそう」にもその湿気が今欲しいのだから、農家にとってはあまり有効な指導ではなかった。ただ、水揚げポンプを購入する農家には、２割の助成金を出すことを決めた。

熊本市でも渡鹿堰掛かりの南部地方で被害が目立ち、消防用の消火栓から田んぼに水を流す農家も出て、熊本市水道局が厳重に取り締まることになった。市では、家庭での打ち水も控えるよう市民に呼び掛けた。

７日にも県農会の干ばつ対策会議が開かれ、県内各地の被害が報告された。

それによると、

熊本市　出水、春竹方面で水稲の枯死30町歩▽飽託郡　供合村では井戸水も欠乏▽宇土郡　不知火、轟、網津では枯死被害を算定できず▽玉名郡　降雨がなければ植え付け絶望の田んぼが１５００町歩▽鹿本郡　８日に雨乞い祈願祭を計画▽菊池郡　合志川、矢護川で甚だしい干害▽阿蘇郡　高森、坂梨方面で甚だしい干

「空梅雨に田園は喘ぐ」と題した昭和9年7月3日付九州日日新聞の組写真。
上は白川の河原で遊ぶ子どもたち。下は足踏み水車で用水を田んぼに入れる農民

空梅雨に田園は喘ぐ

◇空梅雨――旱魃四十年來の水飢饉――だがまだ〳〵茲《こゝ》一週間は旱天が續《つゞ》くと測候所では云つてゐる

◇市民の運動場と化《くわ》した砂の白川に描き出されたスポーツの繁華版、人、人、人で埋められて行く武德會、下河原の各《かく》プール

◇水車を使つて田植《うゑ》はしたものゝ百度を越ゆる炎《えん》天下で枯れて行く苗を見つめて百姓の血みどろな水揚の死鬪が續く早乙女《さをとめ》の咽喉も枯れたか田植歌も聞《きこ》えない

◇水を求めて行く人と馬・木蔭に坐して怨めしげに空を仰ぐ

害▽上益城郡　植え付け不能200町歩▽下益城郡　降雨がなければ4000町歩絶望▽八代郡　晩化地（遅く植え付ける地域）のため、まだ憂えるに足らず▽葦北郡　少しずつ植え付け中▽球磨郡　概して憂慮に及ばず▽天草郡　大半の水田が絶望

このように球磨川水系を除き、大半は事態を憂慮する声で満ちあふれた。この事態を反映して、NHKでは福岡、熊本、長崎のラジオ放送局がそれぞれ各県の農政担当者を出演させて干害対策を放送することになった。

迫り来る危機

危機が目の前に迫って来た。

県庁で干ばつ対策会議が開かれた日の夜、熊本市南部の天明新川で導水を巡って農民同士が対立、川尻警察署が警戒する中、村長がこの騒ぎを収めた。九日新聞はこの事案をわずか8行で簡単に報道しているが、これがこの後、熊本県内で燎原《りょうげん》の火のよ

うに広がった水争いの端緒である。

天明新川は熊本市南西部の出水付近を源流に、渡鹿堰からの二の井手ともつながる、天明5（1785）年に開削された古い用水路である。田迎、御幸、日吉、藤富地区など白川水系と横に並んだ地域を潤し、最後は緑川に注ぐ。いずれにしても水争いは常に下流がその発火点になる。九日新聞によるとこうだ（以下住所表記は当時、九日新聞の記事を意訳した）。

見出しは「新川を挟み　不穏の形勢　村長の斡旋に期待」。

本文は「熊本県飽託郡芳野村の農民が四日、天明新川を堰止め、新しい川を掘って自村に水を引いたが、これを知って下流に当たる御幸《みゆき》村が承知せず、午後九時頃村民が集まり、不穏な形勢になった。駆け付けた御幸村長になだめられ、ようやく解散したものの村長の配水交渉で満足できない場合は再び押しかけると意気込んでいるので川尻警察署で警戒している」。

この記事に出てくる「芳野村」は天明新川から遠く離れており、芳野村が関係するのは白川、または河内川なので事実の確認は不明だが、いずれにしても騒動はあったのだろう。その堰止め工事の規模はこの記事より大きく、御幸村長のその後の交渉もはかばかしくなかったのであろう、3日後の7日未明、ついに乱闘寸前まで発展した。そのことが8日付夕刊に掲載されている。

場面を遡って再現すると、飽託郡日吉村上高江（現熊本市南区近見、ここで正確な場所が登場する）を流れる天明新川に4日夜、突如として上高江の農家280戸が井堰を設け、道路を割って引水を始めた。これに対して下流の8カ村の農民が怒り、堰の撤去を求めて川尻警察署に調停を依頼、御幸村長もこれに呼応して6日深夜に井堰を撤去することが決まった。

ここまでが前出の8行で起きた実際の動きである。

しかし、上高江の農民はせっかく造ったこの井堰を撤去するという結論に納得せず、150人が「（堰止めた）井堰を死守する」と気勢を上げた。各家庭から握り飯に漬物の炊き出しも届いた。

収まらないのは堰下流の8カ村である。「生ぬるい調停」に我慢ならず、「即刻撤去だ」として翌7日未明、関係農民を非常召集、たちまち700人が集まった。ねじり鉢巻きにこん棒、竹やりを構え、消防用のラッパを先頭に現地にドドッと殺到した。

警戒中の川尻署では担当者だけではとても防ぎきれないと、全署員を召集、熊本北、南署にも応援を求めて現地に走った。

この時、既に下流の農民700人は締め切り場に到着、双方の怒声による応酬が始まっていた。衝突寸前、あと5分も遅れたら「血の雨が降っていた」。ここで警察が必死に鎮撫。午前6時過ぎ、上高江の農民が自ら堰を切って騒動は収まった。

このように有明海沿岸では水不足が発生し、農民同士の争いで殺気立っていたが、天明新川の騒ぎが収まった日の7日夜、今度は内陸の菊池川沿線でも流血寸前の騒動が持ち上がった。

場所は菊池市の中心部から南西部に位置する菊池川の「今村橋堰」。井堰下流の田んぼはカラカラに乾き、亀裂が入っていた。最初は300人の騒動だったが、時間とともに双方膨れ上がり、農民800人が対峙して一部で石合戦も始まった。隈府警察署で必死に説得、これを収めた。水量豊富な菊池川だが、当時の水量は日頃の5分の1だったと言われるから、干ばつは分け隔てなく襲っていた。

同じ頃、熊本県内の各地で騒動が頻発する。菊池郡加茂川村（現菊池市七城町）と上内田川を挟んだ鹿本郡中冨村（現山鹿市鹿本町）の加尾堰で、同じく鹿本郡鹿央町の千田川堰、鹿本郡米田村（現山鹿市南島）の長坂対南島では200人が対峙し、山鹿警察署が調停を進めた。さらに、球磨郡多良木町の百太郎溝《ひゃくたろうみぞ》、そして熊本市・坪井川下流の二本木石塘《いしども》といずれも流域農民の分水協議は紛糾、まるで野焼きの火のような勢いである。

熊本県農会が飽託郡関係の被害を調べたところ、この頃有明海沿岸では7割近くに上り、ピリピリした空気は当然のように白川上流にも伝わる。大津町瀬田の上井手堰を管理する水利組合では「私たちにも余裕があるわけではない。分水などとんでもない」と予防線を張る始末になった。

県内の警察は警戒と情報収集とでてんやわんやになった。

県内で広がる雨乞い

ここまで社会が不穏な情勢になると、人々は一方で安寧を求めて「神頼み」を始める。

「雨乞い」である。

令和元年暮れに中国・武漢で始まった新型コロナウイルスの惨禍は瞬く間に世界を

パンデミックに包んだ。日本とて例外ではなく国民を恐怖に陥れたが、この時には疫病退散の「アマビエ」が流行した。この現象と似たようなもので、絵空事ではなく、人々は人知を超えた天災に対して真剣に神頼みを続けた。

時間は前後するが、雨乞いは県内各地で行われた。下益城郡の小川地方では3000町歩の水田が畑同様となり、稲苗の植え付けは全くできなくなった。加えてスイカ、ウリ、ナスの蔬《そ》菜類も枯れ死同然となり、地域一帯の町村長が連合で雨乞いを計画。

球磨郡黒肥地村（現球磨郡多良木町）では700戸の住民が総出で亀田山青蓮堂に集合、鐘、太鼓を打ち鳴らして雨乞いをした。

鹿本郡では全町村と農会が二夜三日の祈願を実施、菊池郡では菊池神社に各町村長や隈府警察署長も参列して降雨を祈った。宇土郡網津村（現宇土市）の住吉神社では大祈祷祭が行われた。

このように各地で雨乞いが行われることに県庁も呼応し、9日、鈴木敬一熊本県知事は国鉄豊肥本線を使って阿蘇に向かい、阿蘇神社で雨乞いの祈願をした。次いで15日には少量の降雨を受けてお礼参りまで行う念の入れようだった。鈴木知事のお礼参拝には県農会の江藤繁雄副会長（陣内村長）、阿蘇郡の町村長、学校長、阿蘇高女

（現県立阿蘇中央高校）生、宮地小学校児童まで加わり、盛大に行われた。

また、飽託郡清水村山室（現熊本市）の消防団、青年団、それに「うら若い乙女たち」は雨太鼓を手に熊本市の中心部に繰り出し、九州日日新聞社前で太鼓を響かせた。「炎天に轟く太鼓の響き」として九日新聞が写真付きの記事にしている。どこの神社、会場でも必死の様相だ。それだけ干ばつがひどかった。

菊池郡菊陽町の農業小牧公男さん（昭和６年生まれ）の自宅隣は辛川天神社である。自宅庭から上方には遠くに白川をまたぐ大津―熊本空港線の高架橋が見える。橋のたもと近くは馬場楠堰だ。あの

昭和9年8月18日付九州日日新聞
熊本市清水村、亀井神社での雨乞い祈願風景

石合戦の時、この付近からも大勢の大人が駆け上がった。小牧さんは子どもの時、地区総出の雨乞いが行われたのを記憶している。長さ1・8メートル、大きさは大人でふた抱えもある大きな太鼓が境内に持ち込まれ、村中に響く音をふるわせて雨が降るのを祈った。

『菊陽町史』（平成7年発行）には町内で雨乞いの風習があった神社一覧がある。15カ所も記載されているから干ばつに恐れおののいたことがうかがえる。どの神社もそれぞれ参拝の風習に独特の工夫を凝らし、その効能を祈っている。

例えば古閑原地区では、お盆上がりに干ばつが続くと、天満宮（菅原神社）にこもり、「雨願立《あまがんだ》て（雨ごもり）」をする。朝6時から夕方6時まで、各家から二人ずつ出て、神前で交替しながらこもった。長い時には1週間ほど続いた。しかもどんなに忙しい時でも欠かすことなく行われた。それで昔から「古閑原が雨ごもりをすると雨が降る」とよく言われたものだが、祈りが天に届かない時もある。そのような時には、代表者が立野の数鹿流ヶ滝まで水をもらいに行った。畑作地帯であるため、雨が降らないと野稲が焼けてしまう。それだけに降雨を祈る農民の願いは切実であった。そして、運良く雨が降ると、願ほどきをして仕事を休んだ。

風習もここまでくると驚くほかない。

だが、これぐらいで感心してはいけない。雨乞いの極め付けは「帝国陸軍」の登場である。

熊本県農会の干ばつ対策会議が開かれていた7月の初め、福岡県の農民が陸軍第十二師団（北九州市小倉）に対して実弾射撃の要請をしたことが話題になった。大きな音を空中に響かせれば雨が降るのではないか、というのである。「ドーンドーン」と響く雨乞い太鼓の原理を陸軍の大砲に求めた。

演習場に響く野砲

各地で雨乞いが行われ、干ばつに困り果てていたのを受けて熊本市の山隈康市長（第10代）や白川下流の代表者は６日、熊本県を通して、熊本城内にあった第六師団司令部に窮状を訴え、実弾射撃の早期実現を要請した。当時の第六師団長は香椎浩平中将（明治14年生まれ、現福岡県嘉麻市出身）。直ちに要請に応え、８月に大矢野原演習場（現山都町）で行う予定だった大砲の射撃訓練を前倒しして「明日から行う」

と8、9日の実施を快諾した。実行を指揮したのは参謀長の秦雅尚歩兵大佐（明治19年生まれ、山口県出身）。

秦参謀長は「農村の困難に大英断を下した。数万円かかるが、副産物として降雨があることを願っている」として、野砲兵第六連隊、訓練中の教導学校と協議し翌7日未明、部隊を急遽演習場に出発させた。教導学校とは下士官を養成する学校で、全国に3カ所、うち熊本にも置かれ、600人の規模で配置されていた。部隊は輓馬《ばんば》に野砲を引っ張らせ、装備一式を抱えて徹夜同然の行軍だった。

8日早朝の大矢野原。

「天帝へ放つ抗議」「水神さんに警告、これでも降らぬのか」（九日新聞）として8門の砲車を2列に並べ、3000㍍先の標的めがけて実弾砲撃が始まった。

「撃てぇー！」

「ドドォーン」

轟音に包まれた実に勇壮な訓練だったらしく、この時の様子を九日新聞は「砲丸は干天の空にうなりを立てて標的に炸裂し、砂煙とともに大地を震動させた」と描写した。砲台を載せた台車の写真も掲載、大空に向けて発射する場面や、指をさす指揮官の様子が写っている。

この時に使った「三八式野砲」は今、同型機が陸上自衛隊の富士学校（静岡県小山町）に展示されている。口径75ミリ、有効射程は8350メートルとある。

この日の実弾砲撃は500発。翌日も同じ量だけ撃って合計1000発を使った。その費用として1発15円、計1万5000円としている。この費用を現

昭和9年7月9日付九州日日新聞
第六師団の雨乞い演習の様子

在に換算すると、1円が3000円相当と考えられるので3000万円。だが、今なら1発10万円はするので1億円。これは熊本市健軍の陸上自衛隊西部方面総監部にいた広報企画班長・中山真伍氏（二等陸佐、現北海道）の推計である。

この実弾訓練を聞きつけた地元農民は実弾の運搬に協力し、県と県農会は第六師団に感謝してトラック3台で600個のスイカを届けた。炎暑で汗みどろになった兵隊さんたちは差し入れのスイカにかぶりついた。農民側の期待の大きさがうかがえる。

では、実際に雨は降ったのか。

「水神さんもビックリしたのか」（九日新聞）降るには降った。10日朝、大矢野原の演習場一帯と近くの浜町（現山都町）、阿蘇方面で10分間、3ﾐﾘの降雨があり、農民を喜ばせたが、それ以外は「おしめり」程度で完全に期待を裏切った。

「せめて50ﾐﾘは欲しかったのに」

この朝、熊本の米相場はこの実弾砲撃による降雨を見込んで「米の生産が増える」として安値展開したが、昼前には元の高値に戻した。

西日本ではこの他、陸軍が福岡の箱崎海岸で、大分県では別府市の十文字原演習場で、香川県でも同様な雨乞い砲撃を行った。大矢野原演習場では8月28日にも「火器の限りを尽くして」２度目の雨乞い大演習が行われた。陸軍だけではない、海軍も鹿児島の志布志湾近くで、「巨砲四十門を並べて実弾をぶっ放した」。いずれも降雨祈願の大号砲だったが、効果のほどは定かではなかった。

疑問が湧く。

雨乞いの太鼓や大砲のような大音響を空中に響かせると、本当に雨が降るのだろうか。気象学的に証明できるものだろうか。

ＮＨＫテレビの天気解説や講演会で活躍する気象予報士の平井信行さん（八代市出身、埼玉県在住）に問い合わせると、一蹴された。

平井さんは言う。

「科学的な根拠はありません。地震雲と同じ程度の迷信です。大矢野原一帯で雨が降ったというのは偶然です。雨は水蒸気が上昇して冷却された際、凝結した雨雲が集まって落下するものです。太鼓や大砲の音程度では上昇気流はできません。花火大会の音で雨が降ることがないのと同じです」

実に明快だ。

と、言われるなら、それではなぜ第六師団は訓練を前倒ししてまで大砲をぶっ放し

のは数年から十数年後といわれるが、その変化も格段には見られなかった。さすが、熊本市の地下水である。

様々な人々に甚大な被害をもたらしつつあった干ばつだが、気象観測的にはどんな記録になっていたのか。

熊本地方気象台がまとめた『熊本県の気象百年』（平成2年）に「干害」という項目で詳しく記録されている。数値的な記録は別表通りである。

明治24（1891）年から97年間の6月から8月までの記録によると、1934年は雨が少なかった年として5番目（「別表3」）である。3カ月間で404・7ミリは平年の雨量975・0ミリの42％に過ぎなかった。これだけ少なければ、いろんな方面に影響を与えるのもうなずける。

百年の記録は干害がもたらすものとして、水稲の植え付け不能、梅雨明け以後の分けつ（注1）不良、枯れ死などによる減収、陸稲、野菜、果樹、柑橘、植林の生育不良などを上げ、間接的

※カッコ内は西暦

6･7月	7･8月	6－8月
126.2(1894)	74.1(1894)	136.1(1894)
249.7(1958)	77.7(1905)	339.3(1967)
263.5(1944)	156.5(1925)	374.0(1944)
265.3(1930)	182.0(1978)	384.2(1925)
298.8(1897)	191.8(1914)	404.7(1934)
786.8ミリ	563.3ミリ	975.0ミリ

には干拓地での塩害、乾燥による火災の頻発と類焼、伝染病の流行、島では井戸水に海水が混入する塩害や酪農への被害、飲料水や発電、工業用水への影響を示した。まさに私たちの生活の全てに関わっていると警告している。

注１　イネ科の作物の根に近い茎の部分から側枝が出てくること。日照り、水不足が続くと脇芽が出なくなり、米の収量が落ちる。

また、１カ月の雨量が平年比30％以下になったのを干ばつが発生したとみなすと85年間の夏３カ月で69回発生し、それを年度に置き直すと14年間の記録になった。これを単純に計算すると、７年に１回の割合で発生していることになる。意外と多い。

特に、大干ばつとみなしたのは３回（「別表４」本書Ｐ１００）、ここで問題にしている昭和９年はそのうちの３番目の少雨年で、いかに厳しい年だったかが分かる。ちなみに最もひど

(別表3) 夏季 (6月－8月) における少雨の順位表 (1891－1988)

順位＼月	6月	7月	8月
1	62.0(1894)	7.1(1914)	9.0(1973)
2	72.3(1897)	14.4(1893)	9.9(1894)
3	79.0(1982)	49.1(1942)	15.5(1934)
4	86.4(1967)	56.1(1904)	19.2(1967)
5	120.5(1900)	64.2(1894)	20.3(1922)
平年値	411.7ミリ	375.1ミリ	188.2ミリ

かったのは明治27（1894）年の夏で梅雨期間の雨量はわずか92・4ミリ、次いで昭和33（1958）年梅雨の198・8ミリだった。

3番目の大干ばつだった昭和9年夏の中身を見ると、7月10日から26日にかけて237・5ミリの降水があった。特に7月13日夜には白川掛かりにまとまった降雨があり、熊本市の長六橋下では「滔々たる濁流」（九日新聞）が見られたので、連日のように対策会議を開いていた飽託郡の農会関係者は万歳を叫んだという。

しかし、これもヌカ喜びで、7月27日から8月15日までの20日間にかけてはなんと全く雨が降らず、夏季無降水日数の

（別表4）主な干ばつ年における6月－8月の降水量

月／年	6月	7月	8月	梅雨期間
1893	311.1	14.4	268.3	407.0
◯1894	62.0	64.2	9.9	92.4
1904	501.9	56.1	21.6	599.7
1913	321.2	75.1	203.9	336.3
1920	406.5	85.6	159.3	464.9
1925	227.7	104.5	52.0	321.2
◯1934	151.5	237.7	15.5	373.6
1939	358.2	82.7	136.9	375.9
1940	199.8	220.2	312.0	392.3
1958	136.2	113.5	355.0	198.8
1960	364.4	130.4	68.3	506.1
1966	254.3	210.7	47.7	384.3
◯1967	86.4	233.7	19.2	288.4
1978	445.0	71.0	111.0	440.0

・梅雨の期間は年によって異なる
・熊本地方気象台資料から
・左端の◯印が大干ばつとした年

最長記録になった。そして、少雨に加えて連日猛暑が続き、気温30度を超えたのが67日にも上ったという。まさにフライパンの上で蒸し焼きになっているような日々が続いた。

熊本地方気象台は熊本県内で干害の起こりやすい地帯として天草諸島、人吉盆地を上げ、熊本平野の西部、北部は干害常襲地帯だとしているが、ではなぜそんなに干ばつが起きるのだろうか。

気象台は、「直接的に干ばつを起こす要因としては小笠原高気圧の異常な発達によるもので、その勢力が強く、早期より西日本に張り出すため、低気圧や不連続線が接近できない。このため連日高温、好天が続いて起こるものである」としている。

そして、このような異常気象が昭和9年の夏中、熊本平野で続くのである。

第4章　分水―激しい攻防

有明海沿岸の干ばつは日ごとに激しくなり、ほぼ絶望的な田植えに、「100年来の大干ばつだ」との悲憤は現実のものになりつつあった。飽託郡力合、八分字《はふじ》、並建《なみたて》、中島、藤富地区（いずれも現熊本市南区）の1150町歩では「せめて田植えだけでも」と願った。米が主要な現金収入であり、この見込みが外れると一家は露頭に迷う。

当時、一帯では水不足解消に加勢川から引水するための白川補給水路工事が急ピッチで行われていた。この工事は文字通り、白川からの灌漑用水不足を補うため、西側を流れる加勢川にこれを求めたものだ。県農会の関係者は「工事をもっと早く」と県に強力な要請を続け、ついに7月19日未明、新しい水路の開削にこぎつけた。そして、この日の夕方、揚水機に試運転のスイッチが入った時、見守った1000人の農民たちは鐘、太鼓を打ち鳴らして祝い、酒樽を割って万歳の声を上げた。

だが、この時の場面を白川分水問題を調べた吉田竹秀氏（元大津高校教師）は、白川補給水利組合の書記から興味深い証言を得ている。

「試運転はされたが、実際に水は流れてこなかった。開削路の高低差に阻まれて揚水機が機能しなかった」

アテが外れた。

この白川補給水路の完成はあと1年半待たされることになる。

有明海沿岸も含めた稲作農家の苦悩は続く。この頃県農会の調べでは、県内の水田7万9000町歩のうち5500町歩でまだ田植えができず、既に2100町で被害が顕著になっていた。水稲だけではない、粟、大豆にもその兆候が表れていた。菊池川掛かりの古川堰では水争いが再燃し、下流の花房、戸崎、河原など6カ町村から1500人が押しかけ、隈府署で必死の説得を続けていた。

白川下流域では白川補給水路からの灌水が見込めず、今度は上流域に対して分水を求める声が強くなり、河川管理者の県庁に井堰の「筏流しの部分を広げろ」と強力な指導を求める声が大きくなっていた。このため、16日には日吉、御幸、田迎、力合、八分字、並建、中島関係の各村長が県を通して、上流側に分水を要請することになった。下流から上流に対する分水要請の初めての動きである。

7月23日に県庁で行われたこの案件の協議は、翌日から未明にかけて阿蘇方面で230ミリの降雨があったため「様子を見よう」と結論を見ないまま流会になった。実際、阿蘇地方では洪水を警戒するほどの雨量だった。例年の白川ならこれだけ降れば、下流は十分に潤う。ところが、水不足は上流も同じ、各井堰では取水に拍車がかかった。

それがために火ダネは残った。

8月。

分水協議は日ごとに慌ただしさを増す。

1日、大津町役場で第1回の分水協議会が開かれた。下流の農民たちは一縷《いちる》の望みを託した。出席者は次のとおり。

［上流側］畑井手、上井手、下井手、錦野（当時）、迫の井堰関係者に宇野忠吾・大津町長、江藤繁雄・陣内村長（県農会副会長）他18名

［下流側］津久礼、馬場楠、渡鹿、三本松、十八口、井樋山（中島）井堰に松山（当時）井堰の関係者と大塚雄太郎・飽託郡農会長、井手英雄・中島村長他18名

これに県から数名。このメンバーを見る限り、白川に関係する灌水取り扱いのオールキャストである。

ここで注目されるのは、下流側に津久礼、馬場楠堰が含まれていることだ。白川の

形態から判断すれば、下流側は渡鹿堰からにしてもおかしくないのに、18キロ上流の津久礼堰まで入れているということは、それだけ当時は白川の水量が減り、田んぼの被害流域が上流側に上ってきているという事実だろう。

席上、まず下流側が干ばつによる窮状を縷々述べ、分水を要請した。これら対して上流側も現状に深く同情、4日夜から一つの堰で20時間の分水を決めた。このことは「託麻下し」と呼ばれ、昔から託麻方面の「上流側から下流へ井堰を開放する」ことを意味した。

白川の水が下流に流れることになった。

その決定は最上部から、

［畑井手］　4日午後5時半より翌5日午後1時半まで
［上井手］　4日午後6時より翌5日午後2時まで
［下井手］　4日午後6時半より翌5日午後2時半まで
［錦　野］　4日午後7時より翌5日午後3時まで（錦野の取水口は後に廃止）
［　迫　］　4日午後7時半より翌5日午後3時半まで

と、30分の時差を設けた。ここで玉岡井堰が除外されているのは、生活用の飲料水に多く利用されているためである。

届かぬ水に怒る農民

こうして第1回の分水は実施された。

上流井堰の取水樋門が閉じられ、筏流しが順次開放されると白川の水は下った。乾ききった河川を流れていくので水は河床にどんどん吸い込まれていく。津久礼、馬場楠、渡鹿を通り、三本松堰まで届いたところで水は消えた。途中井堰での取水が過ぎたのか、あるいはそもそも水量が少なすぎたのか。

対象区域の水田の3分の2には灌水したが、十八口堰と中島（井樋山）堰関係には全く届かず、八分字、藤富、並建、中島地区の水田1500町歩はカラカラ状態が広がったままだった。

農民は怒った。

怒りの矛先は分水命令権を持つ県庁である。

６日朝、熊本市の草葉町（現白川公園一帯）にあった県庁に４地区の１６００人が押し寄せた。即刻、第2回目の分水交渉をしてほしいという要求である。代表者が内務部長、農林課長と会い、残りは県庁の前庭で交渉を見守った。農民たちは集会を開き、気勢を上げた。

だが、話し合いは遅々としている。農民たちは時間とともにいらだち、怒りが募り、前庭は不穏な空気に満ちあふれた。そして農民たちは怒声とともに県庁玄関に殺到、30人が県知事室に乱入した。これを規制する熊本北警察署の署員十数人ともみあいになった。この混乱で警察官３人が手足に負傷、庁内に突入を試みた農民７人が拘束された。７人は県庁すぐ近くの熊本北署の留置場に入れられたので、農民たちは今度は熊本北署に向かい、留置場のある建物を取り囲んで座り込み、不当拘束と気勢を上げた。北署が警戒したのは言うまでもない。

この時の模様を前出の白川補給水利組合の書記氏が証言している（吉田竹秀氏の『昭和九年にみる白川分水問題』から引用）。

「白川下流民が県庁に押しかけて行ったのは一度や二度ではなかった。昭和９

年の干ばつもひどかったので、行く時も真剣であった。農民が県庁へ押しかけるらしいということが分かると、警官が熊本へ至る道路の要所、要所に張り込んでチェックするので、集合場所は決して一定の所に決めず、そのつど変え、できるだけ大部隊にならぬよう小集団で出掛けた。警官が立っているところは先回りして後続集団に教え、裏道、抜け道を通り、合図、手招きなどをしながら県庁を目指した。水道町に着く頃は県庁を目指して行く農民であふれていた。村長らは公では慎重にと我らをたしなめていたが、裏では大いにやれ、という意味のことを言ってけしかけていた。勇み足で留置場入りした者が村に帰って来る時などは、それこそ凱旋将軍を迎えるようなもて方であった」

まるで一揆である。ひたひたと押し寄せる高揚した空気が伝わってくる。

ここで農民たちが要求したのは次の5点である。

一、第二回分水を即刻実行すること

二、各堰樋門の開閉を協定通り厳重に実行すること

三、佐竹知事時代、上下流時間割に分水したる件を復活実行すること
四、各堰の舟通（筏流し）を開放すること
五、下流区域の現状を知事自身に於いて視察すること

事態の深刻さを肌身で感じたのだろう、県では白川上流域側と精力的に折衝を続け、県庁乱入事件から2日後の8日に大津町役場で第2回目の分水協議が開かれることになった。

ここまでは上流対下流の構図だが、実は7日に津久礼堰対馬場楠堰の〝石合戦〟につながる伏線が顕在化しつつあった。

この日、馬場楠堰の関係者がひそかに県庁を訪れ、「第1回（4日夜）の分水で、津久礼側は筏流しに手を加え、協定以上の取水をしていた。県で調査して是正をお願いしたい」と申し立てた。分水時間の途中で筏流しの開閉部分に蛇篭を敷き詰め、頑丈に堰を止めてしまったので次第に下流に水が流れなくなってしまったという。

なぜこんなことが馬場楠側に分かったかというと、実は馬場楠堰近くの商家に津久礼堰の「見張り」を依頼していたからである。商家の主人は左岸の小山から見下ろす

形で〝違反〟を現認していたようだ（吉田竹秀氏の記録から）。

驚いた県側は直ちに違反の現認調査を約束した。石合戦23日前のことである。

8日、大津町役場は緊張感に包まれた。

下流側から出席したのは4地区に加えて供合、田迎、御幸、日吉、力合の各責任者、上流側は各井堰の関係者。それに県農林課の職員たち。

席上、下流側はさらに懇切丁寧に説明して分水を要望、これに対する上流側の回答は「うちの方も水が余っているわけではない」として14日夕刻からなら分水できるという。6日後からの分水では遅すぎる、干天は日々続いている。下流側は「せめて12日には」と食い下がったが、妥協点は見いだせず、この日の交渉は決裂した。

下流側もあきらめない。翌9日朝に県庁を訪れ、再度の斡旋を要請、県の努力で午後からの協議が決まった。

上流側「13日からなら」。1日譲歩した。

下流側「是非12日朝から」。必死だ。

しかし、またもや結論は見いだせなかった。

10日午前、県は問題を指摘された津久礼堰の関係者を呼び出し、筏流しの閉鎖部分を「違法工事だ」として即刻撤去するよう命じた。すぐ実行されたが、午後には再び石を積み、筵《むしろ》（注2）を当てる工事を行った。再々の不審行為に県も業を煮やし、すぐさま津久礼堰の管理者を県庁に呼び出した。「12日までの撤去」という断固たる戒告を発し、「もし従わぬ場合は県で撤去し、責任者を県に招致する」と警告した。

注2　乾燥した稲など植物を編んで作った敷物。穀類の日干しなどに使われた。

筏流しの現状復帰と撤去命令は、前に述べた旧河川法の河川管理者としての権限を発揮したものである。

九州地方の干ばつの影響によって当然ながら米不足が見込まれ、値段にも表れ始めた。熊本白米商組合によると、8月10日、熊本市で1キロにつき1銭（300円換算）値上げされた。実は10日前に5厘（150円）、そして5日後にはさらに5厘上がったのだから、庶民の台所を直撃した。「糸の切れた風船玉のように上がる」との表現はさらなる値上げにおびえる様子がうかがえる。

分水交渉の動きが慌ただしくなった。

11日は鈴木県知事が白川の上・下流地域を視察、この間再び下流の農民たちが県庁に集結しつつあった。飽託郡の田迎、御幸、日吉、力合、八分字、藤富、並建、中島の8地区から2000人。もう一歩も引かぬ構えである。代表者が農林課長に会い、2回目の分水を懇願した。県側は午後、上流域の宇野大津町長、江藤陣内村長らを県庁に呼び、善後策を協議した。

その結果、夜半になって上流側は「12日の分水」を約束、県はこのことを下流側に伝えた。下流側はこれで納得したわけではない。厳しい意見が続出した。ここで、大正15年に結ばれた分水協定が持ち出された。あの覚書は有力な懐刀だ。

「もし、上流側が約束を守らないなら、県は分水命令を出す意思があるか。10年前に協議した上流70時間、下流28時間の分水を今後も続けるため努力してほしい」などの意見が出て説明会は2時間もかかった。

県としても強権を発動しての「分水命令」はなんとしても避けたい。しこりを残さないために、あくまでも「話し合い」「協議」で解決の道を探ったのである。

一方、上流側の交渉団も「12日分水」の方針を持ち帰り、この日の夕刻、関係井堰に伝えて話はまとまった。

途中で呑み込まれる分水

12日夕刻。午後5時半から20時間、第1回の分水と同じような方法で第2回目が始まった。上流側の各井堰は用水路に通じる樋門を閉じ、下流に配水を始めた。県の関係部課や農民が徹夜の態勢で見守った。しかし、乾燥した河床にこれまた流水が「どしどし呑み込まれ」、下る時間も倍以上かかった。渡鹿堰に届いたのは翌13日の午前3時、三本松堰には午前8時、そして最下流の中島（井樋山）堰にはとうとう行き着かなかった。

第2回分水で水を得たのは灌漑耕地面積3243町のうち1025町で、3分の1だった。内訳は上段が総面積、下段が第2回灌水面積。単位は広さの町。飽託郡農会調査。

白水　45・45▽供合　101・91▽熊本　472・472▽田迎　307・100▽御幸　387・12▽日吉　480・80▽力合　212・197▽藤富　20 4・3▽八分字　181・30▽並建　365・0▽中島　489・5

下流側の最下流地域は惨憺たるものだった。

この分水で農民の不穏な動きを警戒した大津警察署は熊本北、南警察署の応援を得て各井堰に非常線を張った。特に不審な情報を耳にした津久礼堰を注視、併せて馬場楠堰関係も重点的に警戒した。

ところが、異常事態は最下流域で起きた。偶発的な展開である。第2回の分水を見ることができなかった13日の夜、井樋山堰（中島堰）を監視していた中島村五丁の3人と、分水の行く末を見守りに来た並建村畠口の20人がささいなことから口論になった。同じ堰の受益者なのに両地区は以前から感情的な対立があったらしく、おまけに当夜は分水が来なかったこともあり、口論は一気にエスカレートした。

暗闇の中で乱闘になり、午後11時過ぎには中島側の1人（58）がケガ（全治3週間）を負うと、たちまち双方から応援が駆け付け、並建側48名、中島側50名に膨れ上がった。この乱闘で並建村畠口の農民（30）が草刈り鎌で頭部を切られ、全治4週間のケガを負った。ささいな口喧嘩が流血の惨事にまで発展したのも、干ばつに苦しむ重荷がうっぷん晴らしのように突き動かしたのだろう。

県警察部と川尻署で双方を取り調べた。

この時期を捉えて、九日新聞で「死の旱魃線を行く」と題した現地ルポが始まった。「古閑記者」が主に有明海沿岸を歩き、8回連続で惨状を生々しく報告している。以下はその要約。現代仮名使いに改めた。

［第一回＝下益城南部地方］「この地方一帯の農民は大旱魃の洗礼を受けて『飯米飢饉』の生き地獄に放り出されていた。井戸の飲料水は枯渇し、田畑は亀裂を生じて埃を吹きたてている。借りる飯米も手に入らぬ農民たちは農具を売り払って露命《ろめい》（注3）をつなぐというありさまだ。豊川村（現宇城市）では一軒の農家が火事に遇った。ところが、水がないため畑の土を放り投げて消火にあたったが、家は全焼した。おまけに戸主（31）に陸軍の召集令状がきた。妻は出産直後で身動きがとれない。戸主は『牛を売って入隊の汽車賃を作る』ことにしたが、牛を売ったらそれで終わり。もう農業はできない。窮状を聞きつけて近所で汽車賃をカンパすることになった。村ではお盆用品の現金買いをしないことを申し合わせた。豊川神社では村長が村人と共に徹夜で雨乞いをしたが、祈願の甲斐もな

死の旱魃線を行く

勿體ないがお天道樣を恨む

立毛は赭くなつて 田の面から"砂煙" 彼方も此方も悲劇續出

下益城南部地方の卷 A

幾百年來、不景氣のドン底に喘ぎつゝも肥後米の中堅米產地として、天惠の沃野と傳統的精農を誇つてわづかに餘命を繋いで來た下益城郡南部地方一帶の農民はいよ〳〵大旱魃の洗禮をうけて『飯米飢饉』の生地獄中に放り出される悲運の日が來た、すでに井の飲料水も涸渇しはじめ爭ふに一滴の水はなく、植付けたまゝの稻株は指跡の中に小さく枯死し田面は龜裂を生じて埃を吹き立てゝゐる、今惠みの降雨があつても半減作、なければ全滅を約束された農民達は煉獄に入つてモラトリアムを逆手に街の商店からは締出しを喰はされ、ことに借る飯米も高利の金も手に入らぬ小農民達の間には早くも捨鉢となつて目ぼしい農具を投掷つて露命を繋ぐといふ悲慘事は其處、此處に描き出されるに至つた、今や純朴な農民達は雨乞ひの狂ひ踊も止めて炎帝を恨みつゝ悲しい諦めのドン底へ押し沈められて行く——

◇

ド、ドン、ドン……豐川村に差しかゝるころ鎮守の杜から大太鼓の音が聞えて來るタクシーを止めて覗くと、散らかつた豐川神社の境内に放り出された大太鼓を取り巻き無心の兒童達が悪戯れてゐるのだ——昨日まで加賀山村長さんが村人達を引具して日夜踊つて——地にひれ伏し——或は狂はし氣に踊つた、雨乞ひ祈願の甲斐なく一滴の雨も惠まれず諦めて解散した後なのである、廣茫とした田面は熱風に埃を吹き立て、稻株は挿秧のまゝ指形の中に小さく枯死してゐる、蒔いてもたう〳〵芽をふかぬ粟畑には、鳥追ひビラと案山子だけが、炎熱に焼けた赤土の肌に立てられてあるのだ熊本の工兵隊が全村七ヶ所にわざ〳〵突いてやつた井戸もカン〳〵に干乾びてしまつた

◇

役場では信用組合事務の作本氏、木戸收入役、吏員達、駐在巡査達が仕事も手に着かず額を集め部落に傳はる家庭の悲慘事を持ち寄つて重苦しい空氣に閉ざされてゐる十六日の朝同村砂川部落は火災があつた、消防は逸早く馳せつけたが一滴の水もないため、畑を掘り土をすくつて浴びせかけた、とう〳〵土臺石までも焼き盡した焼き出された家の主人公、片山庫喜君（三一）は陸軍後備步兵一等兵で其の翌々日の十八日から十三聯隊に召集されてゐる、家には妻君のマツメが一週間前分娩し產褥の肥立ちも悪い、二人の幼兒と老母それに弟の清藏君（二三）は性來の聾啞、次弟增君（一五）が學校を退いてまめ〳〵しく農事の手傳ひをしてゐたが二、三日前發動機に手を觸れて手をやられた、仕事の出來る者は妹のモモヨさん（一八）一人である、それで九人の大家族を扶養して行かねばならぬ

◇

庫喜君は自分の田は一歩も持たぬ小作人であるバラックは近所の同情で建てゝ貰つたもの植付けた田は、水飢饉で、收穫皆無の悪運、[illegible]は匙を投げたが、けふから食ふ飯米を借り歩いても、何處の地主も、飯米だけを殘して賣拂つた後で一俵もない 庫喜君は飢餓にふるふ八人の家族を殘して入隊するのだ 俺は國家に捧げた大事な身體だ職事に行つたと諦てくれ、わづか三週間だあの牛でも賣つて食つてゐてくれ 妹のモモヨさんに言ひ含めるのだ、親達のむせび泣きに誘はれて無心な兒童等も泣き出した丸裸に焼き出された家庭は新な悲しみに鎖せられた、庫喜君は「牛でも賣れ」と強く言つたものゝ一家九人が命の綱と頼む愛牛唯一匹の牛なのだコツソリ抜け出て露天に繋がれ牛の背を撫して泣いた——この牛ばかりは飢死しても手離せない——すると二十五錢の汽車賃さへ工面が出來ないではないか——この慘狀を聞き傳へた區長さんは村長さんの家に急報した

◇

加賀山村長さんは兵事主任を伴つて、熊本聯隊區を訪問し召集猶豫を願ひ出た、許可があつだなら電報すると言ひ殘してあるので役場吏員たちは待ち受けてゐたが、記者の訪問時間中にはまだ電報は來なかつた水飢饉の裏に描かれた泣けない悲しい軍事美談の一つである、村は煉獄に入つたが一切現金買ひを止める事に協議が纏まつた——七夕樣——が出ても七夕を立てた家は村中數へる程もないわづかに心ばかりの七夕を立てた他所の軒下に集まつた兒童達が羨まし氣にヤンヤと騒ぐ態を見ては子を持つ親の胸を掻くうつものがあるではないか——（古閑生記、筒井生撮影）

炎天に轟く 雨乞ひ太鼓の響き

二十餘日の旱魃にすつかり弱り果てた農家では必死となり最後の努力を續けて居るが熊本市清水村では十七日正午より各區民一同同村龜井神社に參拜雨乞の祈願をなし引續き龜井、山室、室園、万石の各區では雨乞ひ太鼓を神社境内に引入れ男女青年團總出にて終日破れよと許り打鳴らし壯觀を極めたが當日は同村民及び近郷の人々押寄せ爲に神社附近は身動きならぬ雜沓を極めた（寫眞は雨乞太鼓の行列）

▽—寫眞は水田の井戸掘り

昭和9年8月18日付九州日日新聞
「死の旱魃線を行く」

く一滴の雨も降らなかった」

注3　朝露（水滴）がイモの葉っぱから転げ落ちるようにはかない命

［第二回＝下益城郡南部地方続き］「農民たちは新米を抵当にお金を借りていたのに返済もできなくなった。春の麦は豊作だったが、これも肥料代に消えた。麦一升に米二合を混ぜて食べている始末。豊川村は納税優秀地区として表彰されるほどだったが、今年はビタ一文集まらず、教員や役場吏員に八月の給料はなかった。先日、知事が視察に来て干害のひどさにビックリし、『救農事業を早く始めたい』と言ったそうだが、事業に取り掛かるまでの時間があてにならない。農村は滅亡の一途である」

［第三回＝下益城郡河江村《ごうのえ》（現宇城市）］「じりじりと焼き付く陽炎に路傍の草木も元気がない。田畑は深い亀裂が入り、早苗は枯死を待つばかりである。秋祭りに使う太鼓、陣羽織は軒下に放り込まれ、子どもの遊び道具になっている。秋

の収穫期までに飯米を持ち続ける農家は少なく、多くは新米を抵当に地主から金を借り、食いつないでいたが、その借用書も高利で新たな借金はできない。若者たちは日銭稼ぎに隣村まで土方工事に出掛けている。村役場では善後策もなく、灰色の空気に満ちていた」

［第四回＝下益城郡豊福村（現宇城市）］「『自動車で村中を通るなどバチが当たりますぞ』。老人から痛罵された。ここは今、下駄一足も買えない。『金を使うから町には出るな。頼母子講（注４）は休止』。区長会議で悲壮な申し合わせができていた。稲株は枯死し、今さら雨が降っても全滅のほかはない。一部で井戸を掘ったら湧き水が出て、『おとぎ話のようだ』と大騒ぎになったが、揚水ポンプの借り賃が四円（現一万二千円換算）とあっては採算に合わない。現状に村役場も手の打ちようがないようだ」

注４　地区民や村人が掛け金を出し合い、一定期間が来たらくじ引きや入札にし、当選者が合計金を受け取れる仕組み。

［第五回＝下益城郡八カ町村］「この地方では七月二十三日に恵みの雨が降ったが、それ以降は一滴もない。豊川、豊福、豊野、小川、小野部田、当尾、海東、河江―どこに行っても田んぼは白く、砂煙を立てている。七月の雨で慌てて大豆を植えた農家は『芽も出ない』と嘆いた。例年なら穂孕《ほばら》み（注5）の時期なのに『お天道様からなぶり殺しにあった』と泣く。救農土木事業の話があるが、だれも耳を貸さない」

注5　稲、麦など穂になる部分が次第に膨らむこと。米になる途中。

古閑記者の連載が続いている間、白川沿線では第3回の分水をどのように実施するか、協議が続いていた。15日夕刻、県は大津町役場に上流井堰の関係者を集め、さらなる分水を強く要請、上流側は県に対応を一任した。

この夜、県は直ちに下流井堰関係者を召集、16日夕刻から20時間の分水が決まった。この際、玉岡、津久礼、馬場楠、渡鹿、三本松は5時間、自分の田んぼ用に取水して、残り15時間に限って完全に筏流しを開放することになった。

この場で注目すべき動きがあった。第1回に加えて、第2回の分水でも、我田引水的に筏流し部分を操作した疑いのある津久礼堰に対して、県は特別に監視体制を敷くことになったのである。信用を失っていた。他の井堰には「信頼している」として開閉操作を任せた。

下流側では「今度こそは、最下流域（十八口、井樋山堰）まで届くぞ」との期待が膨らんだ。17日未明から昼までは、「水が流れてきて危ないから子どもたちを白川の河原で遊ばせるな」と警戒することになった。

こうして、第3回分水が始まった。最下流地域では老人、子どもまで１５００人が出て用水路の整備に当たった。

18日昼頃、中島地域に灌水が届き、枯死寸前の稲苗を浸し始めたので農家は狂喜したが、それにしても水勢が弱い。流れはソヨソヨだ。

それもそのはずで、上流井堰は既に前日17日の午後3時20分には「15時間が過ぎた」として分水を中止し、筏流し部分は大方閉鎖された。その下流の5つの井堰も午後6時45分には樋門閉鎖を終え、自らへの取水を再開した。これでは流れが弱いはずだ。４５０町歩のうち１１６町歩が潤っただけだった。

悲惨だったのは白石、並建地区。灌水は用水路を浸したばかりで、田んぼにはとうとう届かなかった。砂ぼこりを上げる田んぼを見て、「あと10時間流してくれれば」とあきらめきれず、再び、県への陳情話が持ち上がった。

惨憺たる下流域

古閑記者のルポルタージュは、この第3回分水を踏まえて歩く。リアルだ。

［第六回＝飽託郡南部地方］「第三回分水の日、中島、並建地区は戦時状態であった。用水路の入り口には殺気立った千数百人の農民が立ち、砂ぼこりの立つ田んぼを見ては『目障りだ、焼き払ってしまえ』と吐き出すように叫んだ。そこへ『ヨーイッ、来たきた、水が来た』との伝令に一同はバネ仕掛けのように飛び上がった。水が白川下流をゾロリ、ゾロリと伸びてくる。この1カ月間、水のために理性を失い、流血事件を起こし、県庁にまで押しかけた。その結果として渇望した水が麗しい勢いで訪れたのである。

シュルシュルシュルー。焼けた田んぼに水尖《すいせん》が伸び始めた。中島村では老人も、赤子を背負った女たちも家を飛び出し、田んぼの畦を夢中になって駆け回った。だが、二時間も経たぬうちに水勢は衰えてしまった。白かった田んぼは一部が黒ずんだだけだった」

古閑記者の無念さが伝わってくる。

こうなったら「第4回目の分水交渉だ」として、21日昼過ぎから大津町役場で協議が始まった。出席者は県の農林課長に下流側の供合、田迎、御幸、日吉、力合、八分字、並建、藤富、中島の各村長に大津町長と上流井堰の管理者。協議の結果、その日の午後1時半から第3回分水と同じ要領、時間で第4回の分水が決まった。あっさり決まったようだが、その理由は前日来、上流の阿蘇地方でまとまった降雨があり、白川の流量も目に見える形で増えていたからである。

そして第4回分水が実施され、22日の朝、渡鹿堰からの三の井手の灌水が日吉村世安付近（現熊本市中央区世安）に差し掛かった時、またもや騒動が勃発した。高江地区の農民が用水路に頑丈な杭を打ち込み、土嚢を積み始めた。日照りで自分たちの田んぼの稲苗が枯死しつつあるため、日頃は使用しない高江方向への用水路に引水したのである。このため平田、十禅寺、近見地区に灌水が全く流れなくなった。

もちろん平田方面の農民は怒った。これまた半鐘を乱打しての非常召集がかかり、手に鍬やつるはしを持って堰止め地点に駆け付けた。騒乱に集まったのは双方で４００人、川尻警察署はトラック３台で署員を動員して仲裁、警察監視のもと高江方面に４割ほど分水することで紛争は収まった。

結局、４回目の分水でも十分ではなく、日吉村・１００町▽藤富村・80町▽並建村・２００町▽中島村・２５０町―の田んぼで乾燥状態が続いた。

既に８月も終盤、農家は必死だ。５回目の分水要請が始まる。

古閑記者は行く。８月25日付。「農家への死刑だ」との見出しが痛々しい。


［第七回＝飽託郡南部地域の続き］「最下流地域に向けた分水も、途中の川底が吸い取って淡い望みも消えた。せめて夜露でもと農民たちは思い悩む。スイカも干天続きで凶作になり、『何を食って生きて行けばいいのか』の状態。分水を期待したが、これも届かず『張り詰めた気持ちがバッタリ切れ』疲れてしまった。

昭和二年の塩害で多大の借金を背負い、やっと一息着いた時点でこの干ばつである。お盆がきてもお墓には一本の線香も立たなかった」

こうした苦境が続く中で、農林省は8月15日現在の全国の稲作状況を発表した。全国的には天候不順に害虫が発生、生育が悪く、「やや不良」と見た。特に九州が悪く、福岡　不良▽佐賀　普通▽長崎　やや不良▽熊本　不良▽大分　不良▽宮崎　不良▽鹿児島　不良▽沖縄　普通―とした。干ばつの影響である。

熊本県内の政治、経済の分野でいろんな動きが出てきた。

白川問題の解決に熊本選出の伊豆富人代議士は、山隈熊本市長に対して「一刻も早く上京して陳情を」と促す電報を打ち、行動を求めた。このため、白川整備費を求めて熊本市や商工会議所、熊本県農会、それに国会議員や県会議員が大挙して上京、大蔵省に予算要求を繰り広げることになった。

干ばつで税収不足が見込まれ、熊本県の来年度予算の編成に影響が出ることは確実だという。熊本税務監督局と熊本税務署も管内視察で干ばつのひどさに驚き、「租税の免除よりもっと大きな問題である」との認識を示した。

政治も動き出す。政友会は熊本に視察団を派遣、干ばつの実際を見て回った。国民同盟熊本支部も手分けして県内の実情を把握、応急対策を取ることになった。また、今回のような大干ばつに備えて阿蘇郡の南郷谷地区に大貯水池が作れないか、熊本県の土木課で測量の検討を始めた。阿蘇地区での植林事業の大切さも話題になった。

奇抜な計画も俎上に上った。

江津湖の豊富な地下水に目を付け、周辺に大々的な井戸を掘り、それを汲み上げて二の井手に流し込むことも真剣に論議された。もし、それが実施されたら今度は水前寺公園の水量が減ることが懸念され、別の意味で大騒ぎになっただろう。

下益城地方では水量豊富な球磨川に着目、下益城、宇土郡の関係市町村が県に対して「誘水工事」の計画を立てるよう陳情することになった。どれもこれも干ばつがなせる苦肉の策である。

古閑記者の「死の旱魃線を行く」は最終回を迎えた。

[第八回＝飽託郡南部地方の続き]「並建、濱田地区では水稲をあきらめて直

國同縣支部より

代表の三縣議が

下益城郡下數ヶ村を訪うて

旱害地視察

國民同盟熊本縣支部では縣下旱害地中最も被害甚大なる下益城郡の旱害地見舞のため廿四日午前八時より支部長代理として石坂、北、村上三縣議を派遣したが一行は先づ當尾村役場に緒方村長を訪うて親しく慰問の辭を述べ實情を聽取し慘憺たる被害狀況を視察し次で同村長の案内にて豐福村役場に秋岡村長を、河江村役場に大嶋村長を、豐川村役場に加賀山村長を訪問して同樣慰問の挨拶を述べ農會長、村吏員等の案内で各村に於る被害狀況を詳細調査し今後の對策等に關しても夫々意見交換をなし、最後に小野部田村を視察して午後三時歸熊した（寫眞は旱害地慰問視察中の一行）

昭和9年8月25日付九州日日新聞
国民同盟熊本支部による干害地視察

播に変えようとしたところで降雨があり、慌てて早苗の準備をしたが、あとはバッタリの日照り。加勢川からの補給水も見込めず、上流からの〝同情分水〟も気休めの灌水だった。学校経営も六割の予算カットで先生の俸給も見込めない。北陸地方で大規模な水害があり、義援金募集が始まったが、そのうちこちらにも向けられるだろうと期待している。今後、干害地帯では恐ろしい事態が起きるのではないか」

連載の全8回とも惨状をきめ細かく描き、オーバーすぎるほどの表現に見えたが、実際もそうであった。古閑記者のルポに読者は涙したのであろう。九日新聞は「干害地に同情金」として県民から豊川村に続々と義援金が寄せられているのを伝えた。

熊本県農会の8月25日現在の調査は「別表5」（本書P１３０）の通りである。これを見ると、球磨川沿いの球磨、八代郡、菊池川沿いの菊池郡の一部、緑川沿いの上益城郡の一部は河川の恩恵があったのだろう、被害を免れたが、下益城、天草、宇土、飽託各郡は甚大な被害を受けている。

従って、白川の第5回分水は8月末までの間に行われたが、この時も津久礼堰に対してだけは県の監視が続き、悩みのタネになっていた。後に判明するのだが、津久礼側は執拗に筏流し部分を操作、コンクリートを一部流し込んで固めるようなこともした。

津久礼、馬場楠の論理

では、津久礼堰側はなぜ、ここまで自分たちへの引水にこだわったのか。我田引水では済まされない事態である。

このことについて、先に登場した元大津高校教諭の吉田竹秀氏が津久礼側の住民に疑問を糾している。それによると、「白川分水のたびになぜ馬場楠側と対立するかと言えば、過去の干ばつの際、水利組合、県知事、村長

（別表5）熊本県内の干害状況（昭和9年8月25日現在）稲作

市郡	水田面積（町）	植付不能（町）	植付後被害見込　（町）	被害計（町）
熊本市	1,016.0	—	415.8	415.8
飽託	5,430.4	38.8	2,837.5	2,876.3
宇土	2,577.5	2.2	1,495.3	1,497.5
玉名	9,144.8	9.9	1,526.4	1,536.3
鹿本	5,624.4	16.9	1,523.1	1,540.0
菊池	5,063.2	37.2	1,640.4	1,677.6
阿蘇	9,253.6	394.8	938.2	1,333.0
上益城	7,329.1	83.7	1,095.0	1,178.7
下益城	6,644.5	78.1	4,354.0	4,432.1
八代	8,981.7	6.0	1,901.0	1,907.0
葦北	2,847.5	75.9	1,152.2	1,228.1
球磨	7,788.8	129.3	1,633.0	1,762.3
天草	7,708.6	65.6	4,410.3	4,475.9
計	79,410.1	938.4	24,922.2	25,860.6

熊本県農会調べ

らの話し合いで協定ができており、当時の豊住熊喜・津田村村長がその協定文のことを話していたので覚えている」。

協定文は「津久礼堰ハ上流ニ属スルトモ下流ニ等シキ事情アルトキハ、サブタノ閉鎖免ゼラルコトアルベシ」となっていた。実物を見たことはないが、この協定文を盾に引水していたという。貴重な証言である。

この協定文を改めて分解すると、「下流ニ等シキ事情」とは、下流側で干ばつが起きており、津久礼側も同じような干ばつに見舞われているとの認識をしたなら、樋門の「サブタ」、漢字では「塞蓋」とも書くが、樋門を閉める横板を施さなくてもよい、とのことである。つまり、ひどい干ばつの時は分水をする必要はないとの解釈である。

豊住村長の遺族に問い合わせたら、問題の協定文は残っていなかった。

豊住村長の自宅は庭先を津久礼井手からの灌水路が通り、水路に並行して白川が流れている。しかも対岸の馬場楠集落は間近に家並みが見える位置だ。だから、あの騒乱の始まりに馬場楠側で村民召集の半鐘が鳴った時、当然、豊住村長にも聞こえたろう。「正義感が強く、一本気で曲がったことは絶対許さん人だったようだ」とは孫嫁のヤス子さん（昭和14年生まれ）。とするなら、「協定を死守した人」だし、騒乱の中にもいただろう。

協定が出来た経緯は不明だが、この協定文通りなら、津久礼側の主張も無理ではない。あるのは干ばつを受けての被害程度の認識の違いと、もう一つは水利権の「上流地域の優位性」の解釈だろう。

元東京大学教授の渡辺洋三氏（故人）は『農業水利権の研究』（東京大学出版会）の中で、興味深い論旨を展開している。それは、河川の利用について、「上流者が優先」するか、下流の「古い田んぼの所有者が優先」するかの論議である。この論旨を津久礼堰が発端とされる〃石合戦〃に沿って解釈してみると、渡辺教授は「上流に位置する権利者は、下流に位置する権利者に先んじて優先的に流水を支配することができる」とする考え方を紹介している。「上流に位置しているということは〃自然的事実〃として当然に下流より先に水を支配することができる」とするこの論理に即するなら津久礼堰は馬場楠堰の上流にあり、白川の優先使用権は津久礼側にある。

だが、この論理が成り立てばその後、下流側では「もしもの水不足」を考えると新田開発は躊躇せざるを得ない。白川の場合も井堰の建設は上から順番ではなく、順不同である。

だから、「下流にあっても歴史的に先に使用権を取得し、河川水を利用してきた事実がある限り、絶対的優越権があり、その既得権がいささかでも侵害される時は、上流側に政策転換させることができる強い効力を持つ」ことも示した。この論理は江戸時代から続いたようだ。過去の裁判例も合わせると、こちらの論旨にも十分説得力がある。つまり、馬場楠堰は津久礼堰より早く建設されているので、馬場楠側に強い既得権があることになる。

両者の立場に立てば、どちらにも理屈が立つわけであり、こうした場合の折り合いは話し合いによる協定か、覚書の存在である。

〝石合戦〟のケースでは、実際にそうした論議も行われ、双方の主張もぶつかったであろうが、干ばつで事態が切迫しており、あくまでも熊本県の調停と監視に頼らざるを得なかった。

５回の分水を通して、「現状回復」を命じた津久礼堰の筏流し部分の在り方を県の監視者はどのように判断したのか。常に水争いの仲裁に振り回された警察側からは「県の手落ちだ」「監視が少し甘かったようだ」との証言もあるが、今となっては〝藪の中〟である。

空梅雨の3カ月間、白川中流域の農民たちも水を求めて散々、翻弄《ほんろう》された。

8月31日、本降り模様の雨がようやく落ちてきたものの、馬場楠側の期待を完全に裏切り、灌水が用水路を満たすことはなかった。

「また、やつらがやったか」

古閑記者の「恐ろしい事態」は的中し、両者はついに激突した。

第5章　傷跡――修復の動き

昭和9年9月1日、津久礼側と馬場楠側の〝石合戦〟は終わった。

前代未聞の大がかりな騒乱が残した傷は深かった。双方合わせて五十数人がけがをし、うち5人が4キロ離れた大津町の「樽美病院（現樽美整形外科医院）」に荷馬車で担ぎ込まれた。3人が重症、うち一人（29）は3週間の大けがで入院した。主に津久礼側の農民だった。

樽美病院は、初代の樽美光治氏が昭和5年に開業したもので、当時は菊池郡医師会の会長も務めた地域の実力者。病院は現在地から少し離れたところにあった。現院長の樽美光一氏（昭和38年生まれ）は初代院長からすると孫に当たる。光一氏によると、病院は移転した際、治療の記録は廃棄したようで、残っていないそうだ。

「人が投げられるくらいの石が当たっても命を落とすことはないが、裂傷なら縫合、打撲なら患部を冷やす措置を取ったのではないか」と言う。

負傷者が出れば、当然のことながら傷害事件である。警察としても見逃すわけにはいかない。熊本県警察部の高等課、熊本北、木山、大津の各警察署で直ちに取り調べの方針が話し合われた。

石合戦を分析すると、双方が数百人で石を投げあっており、けが人（被害者）は特定できても、誰の投げた石か（加害者）を確定することは困難である。事件の遠因は津久礼側にあったとしても、事の発端は馬場楠側が号令によって引き起こしていることなどを勘案し、「刑法（旧）百六条、同百七条」を適用して捜査することになった。

刑法（旧）百六条は「正犯の身分に因り別に刑を加重すべき時は、他の正犯、及び従犯、及び教唆者に及ぼすことを得す」

刑法（旧）百七条は「犯人の多数に因り、加重すべき時は、教唆者を算入して多数と為すことを得す」とある。

これについて刑法に詳しい熊本学園大学の出田孝一教授（元高松高裁長官、弁護士）は、集団的な犯罪であり、教唆者を「あおった指導者」として立件する方針になったのだろう、と言う。

馬場楠側に目が向けられた。

この石合戦の事件処理については熊本県警、熊本地方検察庁、熊本地方裁判所とも記録文書は残っていなかった。

ただ、馬場楠側の責任者は数人が取り調べを受けたようで、菊陽町辛川の農業、小牧一之さん（昭和18年生まれ）は事件当時まだ生まれていないが、父・幸穂さん（明治33年生まれ）が馬場楠堰関係の日割、時間割を担当する配水長をしていたので幼少の頃、事件の思い出をかすかに聞いていた。

「父が津久礼堰に皆で行ったことは子どもの頃に聞かされた。その時、水喧嘩があり、その後父は御船署（木山署

昭和9年当時馬場楠堰の配水長だった小牧幸穂氏

と思われる）に引っ張られた」と言う。

「引っ張られた」とは責任者として取り調べられたということである。警察も小牧さんを首謀者の一人としたが、結局、起訴されることはなく、「こってり絞られた」上で、熊本地検での始末書で済んだようだ。

石合戦を主導したであろう若杉熊喜・供合村長も当然、捜査の対象になったと思われるが、孫・若杉敬弘さんは「事件はともかく、警察に調べられるなど不名誉なことであり、記憶にも記録もない」と言う。

1000人による大きな騒動だったが、遠因を考慮すれば「始末書」は穏当な処分に落ち着いたと理解していいだろう。

小牧さんの家はすぐ前を馬場楠堰からの用水路が流れ、裏側は白川の水音が聞こえ

る位置にある。そして、白川の対岸には上津久礼地区が見える。知人も多い。干ばつが招いたとんだ厄災であった。

警察が促したのであろう、その後、馬場楠堰側の責任者が津久礼堰側に出向いて陳謝、筏流し部分は一定程度開放することで両者は和解したという。責任者とは若杉村長と豊住村長ではないか。

その後、津久礼堰側は筏流し部分の開放度を固定するためコンクリートで補強し、他の人が勝手に川底をさらったり、切り落とすことができないような工事を施した。激しい騒乱の後でもあり、両地区のわだかまりもしばらくは残ったが、戦後の昭和、平成と続く歴史が騒乱を水に流したの

菊陽町辛川の辛川神社で小牧一之氏（右）と小牧公男氏。ここで昭和9年当時雨乞い祈願が行われた

であろう、村の一部（白水村）は合併して菊陽町になり、今では〝遺恨〟も完全に消えた。いや、「あの騒乱を知る町民がどれだけいるのだろうか」と言われている。

振り回された警察

水争いを契機にした農民同士の直接的なぶつかりは、このような形で幕を閉じたが、昭和9年6月からの3カ月間、熊本県内の各警察署は振り回された。津久礼堰での騒乱があった翌2日、九州新聞が水争いのまとめをしている。このまとめ記事には津久礼堰での騒乱は含まれていない。九州新聞とは当時、熊本における九日新聞のライバル紙で、支持政党的にも対抗していた日刊紙である。それによると―（意訳、カッコ内は筆者）

「熊本県警察部高等課の調べでは、今年の熊本の水紛争は六月二十八日の阿蘇郡山田村（現阿蘇市）を皮切りに、今月（八月）末日まで八十三か所、延べ百十三件に及び、そのうちどうにか解決したものは七十八件、次の五件が未解決である（具体的な場所は不明だが、河川や用水路が関係しているのは間違いない）。
八代郡吉野村（現氷川町）↕下益城郡小川町（現宇城市）
球磨郡黒肥地村（現多良木町）鮎の瀬↕球磨郡多良木町百太郎溝
下益城郡豊野村（現宇城市）川田区↕豊野村大坪区
玉名郡六栄村（現長洲町）↕玉名郡睦合村（現岱明町）
八代郡鏡町（現八代市）柴口↕鏡町火の口
また、傷害事件として〝血の雨を降らしたもの〟は御船、宇土、川尻署管内で六件、特に白川掛かりと菊池、鹿本方面では問題解決に警察が関与したケースが目立ち、不眠不休のありさまであった。ひと夏で四千人もの警官が動員され、昨年の水争いは白川掛かりが一件であったことを考えると、今年は記録的な紛争多発年であった」

飽託郡藤富村では水争いから水車13台が持ち去られる事案も発生、川尻警察署が大慌てで調べ回るなど警察には多忙な日々で責任も大きかった。ろくに睡眠も取れず、極度に緊張した場面が続いた。紛争が最も高揚した白川の第４回分水の時など、警察の警戒もピークに達し、「川尻署の本村善次郎署長ごときは愛児を死なせ葬式の出棺中に事態が極度に悪化し、あわや流血の雨という急報に喪服のまま飛び出し、警官を指揮して事態を鎮圧した」（吉田竹秀氏の記録から）というからその緊張感が伝わってくる。

これは8月22日に日吉村世安の三の井手で起きた用水路のせき止め紛争と思われ、津久礼堰での石合戦とも併せ、この年の水紛争に絡んだ警察活動の象徴的な出来事だった。

こうした動きを受けて内務省は全国の警察に訓示を出した。「国民の不満に乗じて不穏分子が扇動するかもしれないから警戒せよ」というものである。不穏分子とは当然「社会主義者」「共産主義者」を指すものであろう。治安機関では水争いの別の側面も警戒していたのである。

白川の紛争を経て、国、県、自治体、企業の動きも慌ただしくなった。事件の衝撃度を物語る。

まず、政党。

各党とも独自に被害地視察などを続けていたが、事の重大さに政治的対立を持ち込んでは批判を買う。立憲政友会、立憲民政党、国民同盟の三党は津久礼堰紛争の翌日、熊本県支部幹事長が熊本市の公会堂に集まり、超党派で干害対策を申し合わせた。「政党政派の関係を超越し、一致協力。各党の選出委員で委員会を作り、今後の対策を協議する」ことにし、7日にはさっそく鈴木熊本県知事や県農林課長と会談、「早急な救済」を申し入れた。

この三党の政治的違いを今の私たちが理解するのは難しいが、現在の自由民主党の前身政党である。政友会は板垣退助が中心となって創設、どちらかと言えば在野的、かつての熊本で言えば参議院議長もした松野鶴平氏たちが同志で、九州新聞が応援。民政党は濱口雄幸らが創設、議会中心主義を標榜した。この民政党から昭和初期に分かれたのが国民同盟。離党した熊本出身の安達謙蔵氏が中心になり、九日新聞が応援した。

だから、九日新聞は国民同盟の動きを詳報している。国民同盟の伊豆富人代議士（のちの熊本日日新聞社長）は干ばつの惨状を受けて急遽、帰熊。精力的に現地視察や鈴木知事訪問をこなし、「官民一致の努力」を促した。ちなみにこの二つの新聞は昭和17年に合併し、今の熊本日日新聞になる。

5日に鹿児島で開かれた九州沖縄各県の県議会議長会では、熊本の古閑又五郎議長が「明治27年来の大干ばつであり、政府は緊急対策として救農土木事業の実施、政府米の貸し下げ、肥料資金の融通、さらには県税の免除が必要だ」などと訴えた。同じ日、熊本市の公会堂で開いた九州・四国の町村長会でも県議会議長会と同様の決議が行われ、この実現に向けて政府に強力な陳情を行うことになった。

これらを受けて鈴木県知事はさっそく政府に対して陳情書を送った。被害とその見通しを細かく述べた後、鈴木知事は「被害農家が自暴自棄にならぬよう応急対策を行っているが、政府も現状を理解してほしい。その〝御同情〟を求め、税の減免を含む県財政への援助を切に望むものである」と書き記している。政府に対して「御同情を」との卑屈なぐらいの文言こそが、干ばつのひどさの裏返しでもある。

支援の動きが始まった。

熊本逓信局は電信、電話の工事で干害農家の子弟を優先的に採用すると発表した。逓信局とは郵便、通信を管轄する官庁で、今で言うならJP（日本郵便）とNTT（日本電信電話）を管轄下に置いたかなり大きな組織である。当時は1年に延べ15万人も雇用しているので、ここに役場を通じて雇用、経済対策に寄与する考えだった。

また、鉄道省も線路工事で被害農家の子弟を積極採用し、熊本県では道路の補修、改修や耕地の整備で雇用を増やし、応急救済事業を拡大することになった。

今でも不景気が続くと、政府や各自治体はその対策に補正予算を組み、公共土木事業や建設事業などの景気刺激策が発表されるが、この原型は90年前にもあったのである。

一方、熊本税務監督局の直税部長は、各方面から租税の減免措置を要望する声が大きくなっていることに対して、「各地区で被害にばらつきはあるが、下益城地方の豊福、豊川、飽田郡南部の中島、沖新は田んぼの被害状況を調査しなくても分かっている。免租の申請は早くしてもらったがいい」と早急な手続きを促した。

大蔵省も救済策について全面的な租税の減免、被害農家への融資、各政府機関への予算の積み上げなどの検討を始めた。

八代で開かれた産業協議会の「干害応急対策会議」は、文字通り産業界が抱える今般の干ばつ被害を網羅的に話し合うものとなった。農業以外に水産、畜産、園芸から肥料、病害虫まで幅広く問題が提起された。課税から融資、たい肥の無料配布などいずれも切実な問題ばかりだった。

県農会も干ばつ対策協議会を精力的に続行、農村の救済策を求めた。

広がる見舞金募集

義援金を集める動きも始まった。

熊本県庁では庁内から見舞金募金の話が持ち上がり、課長会議で協議した結果、職員800人のうち、給与で100円以上（現在比換算で30万円）は100分の1を、100円以下は200分の1を6カ月間出すことになった。また、熊本県の警察部も職員850人が県庁と同じ基準で拠出、これを受けた鈴木知事は即座にポケットマネーで300円（90万円換算）の見舞金を出した。教育委員会では中学、小学、幼稚園の教職員7500人が募金を決めた。

これらの動きに対する評価も興味深い。鈴木知事は「強制的ではなく、自発的な行いは、その精神において非常に欣快とするところである」と述べ、赤星教育長は「被害に比べれば見舞金はわずかでしかないが、児童教育に対する影響は大きい。この精神は〃貧者の一灯〃にも値するものだ」と称えた。

〝貧者の一灯〟とは少々、目線が高い気もしないではないが、被害農家の収入がほとんどないのは事実で、特に子どもたちへの援助は急務であった。「飢える児童に温かい給食を給す」とは、最近の困窮家族に対する「子ども食堂」にも似た考えで、干ばつが影響していることを考えると、背景には共通するものがある。

県の調べでは、欠食児童を２５４８人も確認、学校給食を充実させるため、１人４銭（１２００円換算）見当で、経費５４００円（１６２０万円換算）を予算化、２カ月間の給食救済を実施することになった。

秋。

熊本ではこの頃になると、農産物は収穫の季節を迎えるが、昭和９年は文字通りひどい秋になった。水稲の収穫量は激しく落ち込み、その他の大豆、里芋、甘藷（さつまいも）、小豆など畑作から果実まで軒並みに干ばつの影響を受けた。

（別表6）熊本県の農産物と稲作の生産額比較

年度別	農作物総価格（円）	米の生産額（円）	米の収穫高（石）
昭和６年	54,084,458	23,569,956	1,491,701
7年	71,305,350	35,968,877	1,729,901
8年	83,195,616	40,463,914	1,994,083
9年	77,783,118	41,349,039	1,580,250
10年	91,287,214	47,955,702	1,750,238

熊本県統計書　第54回（昭和11年刊行）
〃　第55回（昭和12年刊行）から

昭和11年発行の熊本県統計書によると、昭和9年の米の生産額（「別表6」）は4100万円（1230億円換算）で前年比にすると若干増えているように見えるが、これは米の値段そのものが生産減で高くなったためと思われ、翌年が660万円（約200億円換算）増加していることを考えると、やはり昭和9年の干ばつは相当ひどかったことがうかがえる。

また、郡市別の収穫高（「別表7」）を見ても昭和9年は8、10年と比べて各地区で落ち込んでいる。飽託や下益城、天草郡など、顕著な被害が見て取れる。

これに対して、被害の実態についての正確な記録は残っていなかったが、途中経過なが

（別表7）米作付段別収穫高（石）

都市＼年度	昭和8年	昭和9年	昭和10年
熊本	31,234	27,192	26,835
飽託	168,706	120,331	152,814
宇土	67,233	48,973	62,583
玉名	243,431	213,962	227,097
鹿本	145,543	123,000	117,737
菊池	168,838	136,590	138,293
阿蘇	209,699	183,353	154,698
上益城	195,336	169,405	161,843
下益城	167,365	100,122	159,512
八代	207,144	190,170	204,126
葦北	67,005	50,060	56,413
球磨	184,941	150,393	171,002
天草	137,608	66,630	117,285

「熊本県統計書53、54、55回調査」から

ら10月31日現在で、九州新聞と吉田竹秀氏が記録を残している。いずれも熊本県調査を基にした数字である。

それによると、水稲の場合、県内の作付け予定面積約8万町（ヘクタール）に対して、干害のため植え付けができなかった田んぼは９４０町、早苗を植え付けたものの収穫皆無だったのが３３００町、そして田植えをしたものの何らかの被害を受けたのが計３万町、減収見込みで約33万石（5万トン）。これらの被害総額は約９２００万円、今に換算すると、２７６億円である。

被害が大きかったのはやはり飽託、下益城、天草郡でそれぞれ１００万円から１５０万円、今の30億円から40億円の被害がのしかかった。

この他、陸稲、大豆、粟、甘藷、里芋、小豆で被害額を算出しているが、畑作関連で被害は４８０万円の１４４億円相当、これに水稲被害を合わせたこの年の主要な農作物の被害は４２０億円相当とはじき出している。

この被害額にはトマト、ナスビ、キュウリなどの夏野菜やスイカ、ウリなどの果実、花き、園芸類は含まれていない。暮れの熊本県議会で論議された被害見込み額は２３００万円の６９０億円相当、年末に行われた九州日日新聞の義援金募集社告も被害見込み額で２１００万円、６３０億円相当としているので、昭和９年の農作物被害は概ね２２００~２３００万円だったと推定できる。過大に見積もって７００億円にも迫る甚大な被害だった。いまなら激甚災害に指定されてもおかしくない被害である。

これらの被害に対して、その後、熊本税務監督局でも独自に課税の根拠とする広さを調査。被害を受けた田畑は全県で５７１１町に達し、下益城郡では１３００町にも上った。これらによる免租額は５万円（１億５０００万円）、県税で７万円（２億１０００万円）を見込んだ（「別表８」）。

（別表8）熊本税務監督局調べ（昭和9年12月）

市郡	免租面積		
	町	反	畝
熊本市	1	0	5
飽託	268	6	6
宇土	184	8	1
上益城	226	6	3
下益城	1,312	0	4
玉名	191	0	7
菊池	382	0	3
鹿本	194	5	5
阿蘇	431	9	4
八代	332	4	0
葦北	310	1	4
球磨	786	2	5
天草	1,089	7	0
小計	5,706	48	47
計	5,711	2	7

動き出す海外移住

このように、農家に大打撃を与えた干ばつは暮らしを破壊した。累積する借金、娘の身売りが続出し、欠食児童が多数出て惨状を極めた。「もうここでの生活はできない」と、海外移住を考える人たちが出てきた。

この頃の日本は自然災害に相次いで見舞われ、国内が極度に疲弊していた。東北地方は冷害に苦しみ、北陸では豪雨、関西地方では室戸台風によって死者２５００人という災害列島になっていた。もちろんこれには西日本地区の干ばつも加わっている。新聞を見ると度々、号外が発行されている。

また、中国大陸の東北部では満州国が発足して3年目になり、国土の足腰強化に日本からの移住が叫ばれていた。「狭い日本にゃ住み飽きた。満州で一旗揚げよう」と謳われた頃である。

こうした時節だから海外移住に心を動かされる人も出てくる。外務省の海外移住統計などによると、明治40（１９０７）年から始まったブラジル、アルゼンチン、ウルグアイ、パラグアイへの移住者は昭和8年がピークで、次の昭和9年が2番目、つまり西日本地区が干ばつに見舞われた年はブラジルに約2万3000人が渡った。九州からは福岡県から1000家族6000人にも達する移住者が手を上げ、いずれも干ばつ被害者だった。

9月末に神戸港を出港する南米・ブラジルへの移民船には熊本から既に23家族、250人が申し込んでいた。熊本県保安課渡航係によると、例年、秋口の受付は収穫期でもあるので、せいぜい1家族ぐらいだったのが、この年は断るほどだったという。移住者は農具、家具、田畑を売り払っての決断である。それだけ家計がひっ迫していたのであろう。

しかも、申し込んだのは下益城郡南部地方と宇土郡の一部が目立った。まさに干ばつ被害の集中した地域で、ことに豊川村では家族上げて13人が、豊田村では8人の一家が参加、二つの村では5家族40人にも上った。「年を越せば旅費の工面にも困るのだろう。この勢いなら来年の春にはさらに移住者が増えるのではないか」と県の渡航係は案じた。

一方の満州は希望に満ちた移住先に映った。熊本県では特別満州農業移民を募集、移住するまでに特別訓練が行われた。干ばつ被害者の申し込みも多かったが、その実態は「屯田兵」である。九日新聞は訓練の模様を「満州の荒野で銃を片手に農耕に励み、(王道)楽土を実現した暁には十町歩の大地主となる」と描いた。

後には、日本での生活に見切りを付け、勇躍満州に渡った若者も多く、満蒙《まんもう》開拓義勇軍や農業開拓団として移住し、戦後はシベリア抑留や日本への引き揚げで悲惨な目にあった。決してバラ色の移住ではなかったのだ。

しかし、そうせざるを得ない現実もあった。

白川補給水路の完成

昭和７（１９３２）年10月に始まった白川補給水路工事は、干ばつ、騒乱が続いている間も絶え間なく行われた。完成は津久礼堰騒乱の1年半後、昭和11年3月だった。この工事がもっと早く行われていたら一連の騒乱はもう少し少なかったであろう。

前にも述べたが、工事名の示す通り白川からの農業用水が度々不足するので、西側の加勢川から白川のすぐ近くまで汲み上げて有明海沿岸の農地に農業用水を補給する灌漑工事である。

昭和2（1927）年に計画が持ち上がったものの、地元の利害が絡んで何度も計画を変更。予算面でも難題になったが、民政党内閣の時、内務大臣は折よく熊本出身の安達謙蔵氏だったので安達氏の強い後押しもあって半額の国庫補助が認められ、残りの半分を県と地元が2分の1ずつ負担することで工事に着手することができた。

関係するのは今の白川西南部土地改良区（熊本市南区野口）で、この改良区は白川の十八口堰と井樋山堰も管理している。

加勢川は秋津川、木山川、矢形川が健軍の秋津町付近で合流した川で、熊本市東部の託麻台地から江津湖へ抜けた河川と一緒になる水量豊富な河川だ。かつては今の野田堰があるところ付近で緑川に流れ込んでいた。ところが、大雨の降るたびに蛇行の大きな緑川の水が加勢川に逆流して一帯を水浸しにする困った川だった。

そこで、大正14（1925）年から16年かけて二つの河川を分離、加勢川を4キロ下流の六間堰《ろっけん》まで伸ばして再び緑川に合流させる大規模な河川改修を行った。

国道3号を熊本市から八代市へ車で向かう途中、川尻の市街地を抜けた付近で加勢川をまたぎ、一瞬、左側の河川上に大きな構造物が見られる。これが野田堰である。近くには県指定の重要史跡、曹洞宗の大慈禅寺がある。

野田堰は加勢川を改修する際に計画され、完成したのは昭和17（１９４２）年である。

当時、白川補給水路はこの野田堰の少し上流右岸を取水口にした。しかし、そのまま水を流し込んでも地形の関係で高低差があり、いくら灌漑の用水路を掘削しても用水は途中で止まってしまう。白川からの給水をカバーすることは不可能だ。そこで途中の野口など数カ所に揚水ポンプを置いた。いまは元三《もとみ》町と力合小学校付近の２カ所に揚水ポンプを設置して白川のすぐ近くまで水を汲み上げ、そこから砂原町や会富町の田畑へ流し込んでいる。

水路の総延長は約８㌔、３年半かかった工費は通算で約42万６０００円（12億７８００

野田堰（右端）上の白川補給水路取水口（加勢川右岸）

万円換算）。約８００ヘクタールを灌漑する補給水路の完成によって白川がどんなに干上がっても恐れることはなくなった。従って、水争いも途絶えた。

この白川補給水路は、その後、熊本県農政部によって昭和62（１９８７）年から平成11（１９９９）年まで、総額15億９０００万円の予算で改修工事が行われた。揚水基地も更新され、２カ所の揚水基地にはそれぞれポンプ２台が供えられた。

都市化が進んでいるだけに用水路の３分の１は地中を通るパイプラインになっている。当時の受益農家は８００戸だったが、今は７５０戸に減った。一帯も農地の宅地化と商業用地化が進み、農家の高齢化は受益農家の減少をもたらしている。

野田堰に近づくとその迫力に驚かされる。長さ１４０メートルの大きな樋門が力強く加勢川をまたいでいる。５月ともなると、近くにある国土交通省九州地方整備局の熊本河川国道事務所緑川下流出張所から遠隔操作して鉄製の樋門を閉じる。せき止められた水は滞留し、あふれるように白川補給水路や周辺の土地改良区に流れ込む仕組みだ。

昭和９年の暮れ。

義援金募集の社告が九日新聞に掲載された。その呼び掛け人も大がかりだ。「熊本県・熊本県会議長・熊本市役所・熊本県農会・熊本県水産会・九州新聞社」、それに九州日日新聞社が名を連ねている。ライバルの新聞社が共同して呼び掛けている事実こそ、被害の大きさを物語る。社告は言う（カッコ内は筆者換算）。

「今回の干ばつによる被害は二千百万円（六百三十億円）の巨額に上り、救済が必要な農家は二万戸、十万人に達します。給食を要する児童も一万三千人で、憐憫《れんびん》に堪えざる状況です。ここに県民諸氏、奮ってご賛同下さることを望むものです」

そして、現金、玄米の拠出を求めた。

熊本県も被害農家が少しでも平穏な正月が迎えられるようにと、個人給付の方針を打ち出した。12月10日から1月上旬までに配る方針だ。

その根拠に罹災救助規定を適用、34万6０００円（約10億3８００万円換算）の予算を組んだ。内訳は食糧費として20万3８００円（6億1４００万円換算）、就業費で14万2８００円（4億2８００万円換算）である。

この適用を受ける農家は、農作物で7割の被害を受けた人々を対象にし、実に1万1647戸、6万2800人に上った。

給付の内容も昭和の初めらしい。13歳未満の児童と65歳以上の老人、それに婦人を対象に1人1日米3合を配り、その他の男たちには米4合を配ることにし、副食物代としても1カ月に限り1人7銭（2100円換算）を給付した。

また、籾種《もみだね》代と肥料代に充てるため、1戸に最高20円（6万円換算）を給付することになった。

その後の援助の方針として、三井合名、三菱合資の両社から7万4000円（2億2200万円換算）の義援金が寄せられており、最も困窮している農家に援助するという。両者からは同じ趣旨で宮崎、鹿児島県にも配られた。この三井、三菱は今の両グループの統括会社であろうが、いずれにしても両財閥からの拠出金は、この年に全国で起きた冷害、台風、干ばつの被害地域に対する援助の一環であったろう。

年の瀬。

12月熊本県議会では当然のことながら、この年の干ばつが取り上げられた。県の当初予算840万円（252億円換算）に対して、被害見込み額は2300万円（69

０億円換算）だから、県予算の２・７倍の被害だった。このため県は災害復旧費として２００万円（60億円換算）を追加したが、すこぶる評判が悪かった。県会議員は「県は農民の苦しさを全く考慮していない」と口々に言う。

批判の急先鋒に立った県会議員は、後に熊本市長になる国民同盟の石坂繁氏（熊本市選出）。石坂氏は「夏の干ばつについて施策も極めて乏しく、赤字補填にのみ意を注いだ消極的予算だ」と追及、同じく熊本市選出の山本茂雄氏は「このような膨大な被害を被っていることを考えれば、農民の税負担は著しく低下しているはずだし、予算の歳入（収入）には全く考慮されていない。県当局は政府に補助を働きかけているが、その額はわずか１２０万円（36億円換算）であって県市町村負担分を加えても約２００万円（60億円換算）だ。これでは被害総額の１割にも満たない」と具体的に指摘した。

「今農民は天然痘に罹っても薬代もなく、欠食児童は激増し、酌婦として売られる農家娘が増えている現状をどのように考えているのか」と訴え、免税措置の拡大や給付金の増額を求めた（『熊本県議会史』第４巻、昭和49年発行）。

しかし、議案は予算案通り可決された。

熊本区裁判所はこの年の裁判の特徴として、小作調停事件が増えたのを指摘している。これは小作農側が年末になっても地主に小作料が払えないため起こした調停で、8年は13件だったのが、9年は3・5倍の46件に上った。背景にあるのは、やはり干ばつ不況である。

九日新聞は、年末恒例の「師走の町　点景」を連載、「街の商店主は干ばつで影響を受けた郡部からの買い物客が減った」と嘆き、「米相場は利益も出ず、取引所は寂しい納会になった」と、この1年の景気を締めくくった。

こうして、激動の昭和9年は幕を閉じた。

終章　共生――手を携え

津久礼堰での〝石合戦〟から48年後の昭和57（1982）年7月4日、白川に架かる中流域5つの井堰が一斉に取水口を閉め、「筏流し」部分を全開した。放流水は勢いよく下流に届き、有明海沿岸の水田を潤した。

「昭和の託麻下し」のひとコマである。

この情景をおおきく土地改良区（大津町陣内）の前事務局長大田黒輝幸さん（昭和32年生まれ）が細かく記録し、熊本日日新聞も「〝もらい水〟水田を救う」と報道した。

この年の6月はやはり空前の空梅雨だったようだ。降雨量は1カ月でわずか79ミリ、これは大干ばつになった昭和9年の151・5ミリに比べて半分である。熊本地方気象台の観測では過去の少雨記録は明治27（1894）年が62ミリで最少、次いで明治30（1897）年の72・3ミリ、そしてこの年だから観測史上3番目の厳しい梅雨入りだった（「別表3」本書P98・99）。

必然的に稲作農家は困った。熊本市内の水田651ヘクタールで用水不足に陥り、うち8割に当たる535ヘクタールが白川掛かりの田んぼだった。野口、刈草地区の10ヘクタールではカラカラに乾き、田植えもできない状態になった。このため、下流域に当たる渡鹿堰や井樋山堰、熊本県、熊本市の関係者が7月1日に対策を協議、大津、菊陽地区を灌水する白川中流域土地改良区協議会に分水を要請した。

もうこの時代になると全県的な気象情報も、農家の窮状も広く知れ渡っていただけに中流域側の理解は早かった。25年前にも一度分水が行われたことがあるというが、何よりももう分水で対立する時代ではない。要請から翌2日にはこれを受諾、4日からの放流が決まる早業だった。

要請に応えたのは畑井手、上井手、下井手、迫・玉岡井手（1カ所の井堰を左右で使用）と津久礼井手の5つの井堰。4日の午後2時から毎秒15トン、12時間の放水が始まった。

これによって白川の水は濁流のようにドォードドォと勢いよく流れ、馬場楠堰では3時間40分後、渡鹿堰では5日の午前2時に水位が39センチも上がり、三本松堰、井樋山堰では25センチ増えた。熊本市の計算によると、73万トンが田んぼに流れ込んだという。

放水当日、各井堰で見守ったのは総勢で80人、「昭和の分水」は順調に行われ、十分な水量に下流側が感謝したのは言うまでもない。

その後、平成6（1994）年と平成14（2002）年8月にも分水が行われた。いずれの場合もスムーズに行われた。

長い水争いから共生の時代に入った。

嬉しいことが続いた。

平成30（2018）年8月、白川流域の用水群が「国際かんがい排水委員会」（事務局・インド・ニューデリー）から「世界かんがい施設遺産」に認定登録された。対象になった用水は「上井手、下井手、馬場楠、渡鹿」の四つの施設である。

これらの施設の特徴については、第1、2章を中心に詳しく述べた。優れた灌漑システムは多くの学者が研究対象として取り上げ、たくさんの論文も出た。

ヨナ（火山灰）を巧みに流した鼻繰り井手や斜め堰の筏流し、そして水流を弱める石刎《いしば》ね構造など、400年前に加藤清正が構想した〝土木遺産〟を営々として守り続けた土地改良区の努力が認められたのである。世界遺産の認定書にもこのことが称えられた。

もう一つ。

白川沿線の土地改良区事務所に行くと、どこでも渡された名刺の中に「水土里《みどり》ネット」との愛称が書き込まれている。

「美しい古里の景観を守り、都市との共生を図る」との意気込みを表したキャッチフレーズで、これからの土地改良区の意気込みを示す動きである。この水土里ネットは全国の土地改良区にあり、熊本では平成12（2000）年に設立された。その活動は用水路の維持だけでなく、環境保全のための動きとしても活発だ。

例えば、おおきく土地改良区の「水土里ネットおおきく」の場合、「昭和の託麻下し」がスムーズに行われたのを契機に上流、下流域の信頼関係が生まれ、設立にこぎつけた。そして、活動は広がり、熊本市の地下水保全に大きく寄与する水田湛水運動につながり、一方で阿蘇など上流域での植樹活動や学校教育にも水の大切さを教える学習の機会を作った。熊本市民の飲料水が全量地下水で賄われるなど、他都市にはない素晴らしい水事情もこうした上流部での活動なしには成り立たないことである。

また、この活動を継続的なものにしていくため、白川の恩恵を受けている熊本市や地下水を利用する企業の中で、ソニーグループの熊本工場（菊陽町）、JA熊本果実連（熊本市）、KMバイオロジクス（旧化血研、熊本市）から助成金を得ている。

この他、白川に関しては平成14年、阿蘇のカルデラ内から有明海河口までの間で活動する「NPO法人白川流域リバーネットワーク」が結成された。これは沿線一帯で河川愛護活動を続ける阿蘇の「内牧花原川を守る会」や「白川わんぱく探検隊」「大井手を守る会」「白川の清流と緑を護る会」などが構成メンバーになり、行政も加わった官民挙げての活動になっている。

様々な活動やイベントも仕掛けられている。

各井堰のそばには潅漑用水の役割を示した柔らかい記述の看板が立ち、水土里ネットの役割を案内している。白川下流の三本松井堰を管理する熊本市南土地改良区の場合は「天明環境保全隊」と一緒にその活動はユニークだ。地域との連携を重視し、ホタルの里づくりや河川浄化に使う竹炭づくり、児童を招いての河川清掃など精力的だ。環境保全隊事務局の永井幸人さん（昭和32年生まれ）は「地域の実情は河川を通して

水土里ネットの活動を紹介する立て看板
（熊本市の白川小学校そば）

私たちが一番知っている。この大事な古里をなんとしても後世に残したい」と意気込む。

今の天皇陛下は若い時から「水」を主要なテーマに研究してこられた。研究論文をいくつも出し、講演会にも立たれるなど、なかなかの研究者である。その陛下が2019（平成31）年4月に出版された『水運史から世界の水へ』（NHK出版）の中にこんな記述がある（一部前後する）。

「万葉の時代、渇水に苦しむ人々は、空に浮かぶ白雲を仰いで雨乞いをしたのでしょう。かつて雨水に頼るだけであった人々は、溜池を作って水田を潤すようになり、その後、小河川から用水路を引いて新田を拓いていきます。（略）江戸時代に耕地面積と人口が大きく伸び、現在の日本社会の基礎を形作っていくことになります」

「歴史を通じ世界にも水を分かち合う工夫は多くあります。（略）水に関する情報を共有し、協同して水や水源を守り、異なる水利用を折り合わせることは、人々が水を分かち合い、平和と繁栄、そして幸福を分かち合う第一歩と言えます」

◇

津久礼堰での石合戦に興味を持ったのは、平成28年9月2日付の熊本日日新聞夕刊に載った「紙面プレーバック」というコーナーがきっかけである。「農民千人が石合戦」との見出しで、昭和9年当時の九日新聞の紙面が掲載されていた。「危ないことをするもんだ」との興味と、「よほど切羽詰まっていたのだな」との疑問から周辺取材をすると、これが実に奥深い。

昭和9年の6月から始まる熊本の大干ばつの帰結として、3カ月後に起こった〝石合戦〟とその舞台背景、その後をここに描いた。熊本日日新聞が提供する九日新聞のマイクロフィルム（熊本県立図書館）から干ばつ関係記事を拾い出してベースにした。また、熊本近代史研究会の『近代日本と熊本15周年特集号』（葦書房）に掲載された吉田竹秀氏（元大津高校教諭）の「昭和九年に見る白川分水問題」を併せて利用した。吉田氏の優れた研究は過分に役立った。

白川の特徴と灌漑用水の歴史、それらを取り巻く土地改良区の動きは、とても幅広く、複雑だった。87年前の時代背景と社会生活を理解するには難渋した。やっと走り切った思いである。

白川に関しては農業用水だけを取り上げたが、どこの河川でも同じく、農業以外でもその用途は広いし、私たちの生活の隅々まで関係している。

例えば、工業用水では企業誘致と重なり、雇用問題に広がるし、産業面では橋梁建設など地域振興につながる。水質汚濁の監視は環境保全に、鮎やウナギの放流は観光振興、レジャーとも関わり、内水面の漁業振興とも絡む。河川敷の活用で真っ先に思いつくのは「くまもと春の植木市」だ。また、スポーツ振興に有益だし、川を舞台にした絵画や文学作品は数知れない。校歌や古里の歌もそうだ。「川」を巡ってはそれだけ奥が深く、白川も例外ではないことを改めて痛感させられた。

余談になるが、取材中にフトあることに気付いた。騒乱の中心人物になったであろう人の名前が同じである。供合村村長は若杉熊喜氏、津田村村長は豊住熊喜氏。二人とも「熊喜さん」である。間違いではないかと何回も町村史で確認し、遺族にも聞いて驚いた。あの時、力ずくでぶつかった双方のリーダーが同名だったとは。隣村の村長同士なら顔は見知っていただろう。しかも、二人とも正義感が強く、一本気な性格を兼ね備えていた。これでは簡単に妥協できなかっただろうし、騒動が終わった後に〝大人の話し合い〟で和解したのもうなずける。

取材を通じて思い知ったのは干ばつの恐ろしさである。地震や洪水が一瞬の惨禍であるのに対して、干ばつは目の前で日々、積み重なる惨状の光景である。真綿で首をジワジワと絞められていくような息苦しさは逃れるすべもない。

そして、それらが私たちの身の回りで、「明日から始まる」かもしれない異変として待ち受けている。

そう、気候変動による危機の到来である。

地球温暖化への警鐘はいま地球的規模で鳴らされている。温暖化によって溶けた氷河が海水の上昇をもたらし、島国を沈めてしまう危機感。永久凍土の溶解によりCO2（二酸化炭素）やメタンが多量に吐き出されることで起こるさらなる地球温暖化。感染症の変異、拡大が繰り返し叫ばれ、アフリカ砂漠の拡大、北米大陸での熱波や森林火災が増えていることも地球温暖化が影響していることを示している。

令和3年6月21日付の熊本日日新聞夕刊は、世界食糧計画（WFP）のデイビッド・ビーズリー事務局長が、「アフリカの島国マダガスカル南部で大規模な干ばつが続き、100万人以上が深刻な飢餓に陥っている」との懸念を報道、ビーズリー氏は「地球温暖化の影響は疑いようもない」と先進国の道義的責任を強調した。国連の気候変動に関する政府間パネル（IPCC）も、地球温暖化の原因を「人類が作っている」と警告した。

気象専門家は長期的に見れば日本の降水量が減る傾向にあるのは気になる現象だという。地球の温暖化は気温の上昇や線状降水帯の増加だけではない、干ばつも伴っていることを知っておく必要があろう。

私たちのカレンダーの8月1日は「水の日」（昭和52年制定）である。水のありがたさは先の熊本地震が十分に教えてくれた。大切な水の保全と資源の涵養、開発にはもっと目配りが必要なようだ。

コロナ禍にもかかわらず取材では各方面からご協力を頂いた。おおきく土地改良区の大田黒輝幸さんから多大な助言を受け、天明環境保全隊の永井幸人さんからは有明海沿岸の地理的特質を教わった。素人同然の取材者として感謝したい。

熊本県立図書館、熊本市立図書館、菊陽町図書館は大いに利用させてもらった。

「事実の森は深い、分け入って調べれば必ず真実が出てくる」

名言だ。

公立図書館が資料の宝庫であることを改めて知った。館員の皆さんには面倒な資料をたくさん提供してもらった。お礼を申し上げたい。

熊日出版の植野健司さん、櫛野幸代さん、中村穂乃花さんにはお手数をかけた。ありがとうございました。

合掌。

主要参考文献

吉田竹秀『昭和九年にみる白川分水問題』熊本近代史研究会、近代日本と熊本15周年特集号　葦書房　昭和50年
三浦保寿『熊本県新誌』日本書院　昭和38年
児島貞熊『陣内志談』(大正6年)改訂版・大津町教育委員会　平成31年
本田彰男『肥後藩農業水利史』熊本県土地改良事業団体連合会　昭和45年
熊本県警察本部教養課「管内実態調査書」熊本県警察本部　昭和34年
熊本県警察史編さん委員会『熊本県警察史』熊本県警察本部　昭和57年
渡辺洋三『農業水利権の研究』東京大学出版会　昭和29年
新熊本市編纂委員会『新熊本市史』熊本市　平成15年
熊本地方気象台編『熊本県の気象百年』熊本地方気象台　平成2年
徳仁親王『水運史から世界の水へ』NHK出版　平成31年

資料、引用

天明村史▽郷土史供合▽菊陽町史▽大津町史▽第53、54、55回熊本県統計書▽熊本県議会史▽熊本

市水道80年史▽野田堰・国土交通省九州地方整備局熊本河川国道事務所▽熊本市みなみ・熊本市南土地改良区▽馬場楠井手の鼻ぐり・菊陽町教育委員会▽農業水利権の帰属について・農業土木学会誌第51巻▽河川砂防技術研究開発・大本照憲熊本大学大学院自然科学研究部教授▽6・26白川水害50年（熊本日日新聞情報文化センター）▽おおづってどんなとこ!?・上井手の水とともに生きる町づくり会▽白川沿線土地改良区（おおきく、馬場楠、渡鹿、熊本市南、白川西南部）▽九州日日新聞▽九州新聞▽熊本日日新聞

取材協力（敬称略）

中山真伍（陸上自衛隊西部方面総監部二等陸佐・前広報室）▽中垣秀夫（元防衛大学校教授）▽徳永幸三（元熊本北警察署長）▽出田孝一（熊本学園大学教授）▽樽美光一（大津町・樽美整形外科医院院長）▽平井信行（気象予報士）▽飯冨英博（大津町・歴史文化伝承館学芸委員）▽林田義之（熊本県土地改良事業団体連合会総務課長）▽田中猛（熊本県河川課主幹）▽増田隆策（『熊本県警察史』講師）▽大田黒輝幸、永井幸人、若杉敬弘、若杉隆夫（熊本市）▽元田孝文、大田黒義弘、日吉次男、合志幸徳（大津町）▽小牧一之、小牧公男、豊住ヤス子（菊陽町）

著者略歴
荒牧　邦三（あらまき・くにぞう）

昭和22（1947）年、熊本県生まれ、昭和46（1971）年、熊本日日新聞社入社、社会部長、論説委員、常務取締役、㈱熊日会館社長

著書『73歳　お坊さんになる』（探究社）、『満州国の最期を背負った男　星子敏雄』（弦書房）、『五高・東光会　日本精神を死守した一八五人』（弦書房）、『ルポ・くまもとの被差別部落』（熊本日日新聞社）

共著『ここにも差別が　ジャーナリストの見た部落問題』（解放出版社）、『新九州人国記』（熊本日日新聞社）

白川 千人の石合戦―大干ばつが招いた水争い―

令和3（2021）年12月10日　発行

著者　荒牧邦三
発行　熊本日日新聞社
制作・発売　熊日出版（熊日サービス株式会社出版部）
〒860-0827　熊本市中央区世安1-5-1
TEL096-361-3274　FAX096-361-3249
https://www.kumanichi-sv.co.jp/books/
印刷・製本　株式会社チューイン

ISBN978-4-87755-627-3 C0221

定価は表紙カバーに表示してあります。
落丁本・乱丁本はお取り替えします。